KARL SCHULTE WESS

Vom Jagen daheim und in der Fremde

mit 13 Illustrationen
von Klaus-Peter Reif

Bibliografische Information der Deutschen Nationalbibliothek

Die Deutsche Nationalbibliothek verzeichnet diese Publikation in der Deutschen Nationalbibliografie; detaillierte bibliografische Daten sind im Internet über http://dnb.d-nb.de abrufbar.

BLV Buchverlag
GmbH & Co. KG

80797 München

www.facebook.com/blv.verlag

Umschlagkonzeption: Kochan & Partner, München
Umschlagmotiv: Klaus-Peter Reif; Foto vordere Klappe: Autor privat
Illustrationen: Klaus-Peter Reif

Lektorat: Gerhard Seilmeier
Herstellung: Ruth Bost
DTP: Satz+Layout Peter Fruth GmbH, München

Printed in Germany
ISBN 978-3-8354-1270-5

Inhalt

Den Söhnen Hendrik und Magnus gewidmet,
dass sie noch lange dem Waidwerk nachgehen können.

Vorwort

»Wenn ich noch einmal auf die Welt käme, würde ich sicher einiges anders machen. Aber eines würde ich wieder tun: jagen. Es ist noch kein Jäger in seinen Wald gegangen, ohne mit neuer Kraft, mit wacheren Sinnen, mit klareren Gedanken und mit einem ausgeglicheneren Gemüt zurückzukehren.«

Diesen Worten des bekannten Jagdschriftstellers *von Dombrowki* kann man nur voll und ganz zustimmen. Zum Jagen gehören die Beschaulichkeit und das Herz, das Naturerleben und das Losgelöstsein aus dem Alltag. Der Jäger kennt das lautgesellige Treiben, aber vor allem die stillen Stunden in der Natur. Gerade in der Stille lässt sich das Naturgeschehen in besonderer Weise erfahren, sei es am frühen Morgen bei aufgehender Sonne, sei es zu später Stunde, wenn das Licht des Mondes die Gräser und Halme versilbert. Man »ergeht sich« in seinem Revier ohne Ziel, fern von der Hast des Alltags, ist eingetaucht in die Welt einer gelassenen Behäbigkeit, in die Welt des Unmittelbaren zwischen Mensch und Wild. Auch das Lautlose hat seine Sprache. Bedauerlich, dass vielen unserer Zeitgenossen dieses Naturerleben abhanden gekommen ist.

Im Naturraum Emsland hat man es trotz des wirtschaftlichen Aufschwunges verstanden, Naturräume zu belassen, Natur und Technik, wirtschaftliche Entwicklung und biologische Vielfalt in Einklang zu bringen. Auch heute hat das Emsland mit seinen vielen urtümlich verbliebenen Plätzen und Winkeln bei allen Naturfreunden und Jägern nicht an Reiz verloren. Mögen sich weiterhin viele Generationen daran erfreuen!

Karl Schulte Wess

Daheim im Emsland – Wie alles begann

Wenn man vom Emsland spricht (benannt nach der Ems, die als windungsreicher Fluss von der Quelle im westfälischen Münsterland bis Emden über einhundertundfünfzig Kilometer diesen Landkreis durchfließt), assoziiert man damit gemeinhin einen Landstrich, der flach und weitläufig, von Moorlandschaft und kargem Boden gekennzeichnet ist. Wer aber genauer hinsieht, entdeckt heute ein Land, das neben der aufblühenden Industrie auch satte Wiesen und Felder, alte sowie neu aufgeforstete Waldpartien und eine Vielzahl gewachsener Naturschönheiten aufzuweisen hat.

Im Emsland hat man es trotz des enormen wirtschaftlichen Aufschwunges seit den fünfziger Jahren des letzten Jahrhunderts verstanden, die Belange der Natur hinreichend zu berücksichtigen, sodass heute wie von alters her ein reicher Wildbestand vorhanden ist.

Ist man in diesem »Naturraum Emsland« aufgewachsen, liegt es nahe, dass einem die Liebe zu Wald und Wild, das Pirschen und Beobachten und damit auch die Freude an der Natur und Jagd gleichsam mit in die Wiege gelegt wurden. Ein wenig Jagdeifer steckt von Urzeiten her wohl in den Genen eines jeden Menschen, wenn dieser zum Beispiel Spinnen und Mäuse jagt – und das nicht nur wegen seiner angeblichen Phobie vor diesen Tierchen. Die wahre Passion zur Jagd und zum Jagen ist allerdings bei einigen von uns stärker ausgeprägt und lässt sich auf Dauer nicht unterdrücken. Passion stammt ja aus dem Lateinischen und heißt so viel wie »erleiden«, »erdulden«, »nicht anders können«. Ist man dann noch in einer Jägerfamilie aufgewachsen und erblich vorbelastet, bleibt einem nichts anderes übrig, als zu jagen.

Ich bin väterlicher- und mütterlicherseits erblich vorbelastet, und so stromerte ich im jugendlichen Alter unbeschwert viel in Wald und Flur umher und durfte bald an den kleinen und großen Treibjagden teilnehmen. Dieses Miterleben hat bei mir unvergessene Eindrücke hinterlassen und wird mitbestimmend gewesen sein, dass sich meine Passion weiterentwickelte.

Aber schon vorher war ich den Weg gegangen wie viele andere. Mit Pfeil und Bogen begann es; die Schleuder folgte, und bald darauf hielt ich das ersehnte Luftgewehr in Händen. Jetzt hatten die Mäuse auf dem Kornboden und auch die sich überall damals noch in Massen im Hof und im Wildweinspalier des Gartens herumtreibenden, frech tschilpenden Spatzen aber was zu fürchten!

Schließlich erhielt ich als Jugendlicher Zugriff auf das Tesching mit dem glatten Lauf und feinen Schrot, dann auf das Flobertgewehr mit der kleinen Rundkugel. Damit konnte ich mich nützlich machen, indem ich Ratten schoss oder aus dem Kirschbaum Eichelhäher, wenn diese dreist die dunkelrot glänzenden, süßreifen Früchte immerzu davontrugen. Nicht zuletzt bekam ich vonseiten der Küche überaus großes Lob, wenn ich den im Gemüsegarten zu Schaden gehenden halbwüchsigen Kaninchen eins über die Löffel wischte oder sie sogar mit einem Blattschuss erlegen konnte.

Das Flüchtigschießen hatten wir uns mittels eines Milchkannendeckels beigebracht, den einer von uns langsam oder auch schnell auf dem gepflasterten Hofraum wegrollte. Hatte die kleine Luftgewehrkugel getroffen, konnte man den hellen metallenen Aufschlag hören. So lernten wir wie selbstverständlich den flinken Anschlag und gekonnten Umgang mit der Waffe und waren von klein auf, wenn man so will, Jäger. Wunderbar war das Leben, erregend und voller Abenteuer!

Besonderen Reiz hatte für mich im Frühjahr die Jagd auf den balzenden Tauber, wenn dieser hoch oben in der Fichtenspitze saß und man seinen weithin zu hörenden Ruf vernehmen konnte.

K.-P. Reif

Ihn zu erbeuten kostete viel Zeit und Geduld, denn mit klatschendem Flügelschlag fiel dieser einmal hier, dann da ein und balzte munter in den Tag hinein. An Aufregung und Spannung war das für ein junges Jägerherz genug. Man erlernte so das Pirschen und auch die Lockjagd mit der hohlen Faust, denn wohl kaum ein Wild reagiert auf Pirschfehler so unnachsichtig wie der aufmerksame Tauber, der ja bekanntlich auf jeder Feder ein Auge hat. Was für ein Erlebnis war es, wenn dieser auf den Lockruf hin sofort zustand, meistens direkt über einem einfiel und erneut mit seinem dumpf gurgelnden Bauchrednerlied des »Guguh-guguguk« begann! Doch wo saß er? Man musste sehr vorsichtig sein, beim letzten »Guk!« wie zu Stein erstarrt stehen und sich dann meistens behutsam den Hals verrenken, um den Tauber im Grün der Fichtengipfel, durch das hier und da ein Stück blauer Himmel leuchtete, ausfindig zu machen. Hatte man ihn endlich entdeckt, beutelte einen gehörig das Jagdfieber. Das Herz schlug einem im Halse, sodass man kaum Kimme und Korn auf das kleine Ziel zusammenzubringen vermochte, bis man ihn schließlich doch mit einem gezielten Schuss aus der kleinen Büchse erlegen konnte und dieser, mehrfach im Geäst aufschlagend, mit gefächerten Schwingen zu Boden stürzte. Des Jägers Beute, des Jägers Freude! Ein Gefühl von Erfolg, Freude und Stolz durchdrang dann die junge Jägerseele.

Leichter zu erbeuten waren die Tauben im Spätherbst und Winter, wenn sie scharenweise in die Buchen- und Eichenbäume des am Hof angrenzenden Waldes einfielen und am Boden nach den Bucheckern und Eicheln suchten. Es war immer ein imposantes Bild und ist mir bis heute unvergessen, wenn die Blaugeringelten zu Hunderten am Boden eifrig hin und her suchten – blau wie das Meer –, sich mit einem Male fast gleichzeitig wie eine Welle kurz erhoben, um dann sofort wieder einzufallen.

Hase und Ricke erlegte man im Spätherbst und Winter, wenn die Küche danach verlangte. »Fängt der Has zu frieren an, dann gehört er in Pott un Pann!« – »Wir müssen noch einen Hasen schießen!«, oder: »Wir müssen noch ein Reh schießen!«, hieß es dann. Den Hasen schoss man dort, wo er immer lag, je nach Witterung, entweder in der dichten, schützenden Dickung des Brombeergestrüpps an der Waldkante oder an bestimmten mit Riedgras und Segge wild verwachsenen Stellen im stillen Bruch. War der Acker frisch gepflügt, lag er gerne in der rauen, warmen Scholle. Es waren immer spannende und prickelnde Augenblicke, wenn man plötzlich den Hasen im Brachfrost so nah vor sich liegen sah oder dieser kurz vor einem aufsprang und sich pielsteert davonzumachen suchte. Im Lauf hatte man jeweils nur eine Patrone zugeteilt bekommen, um nicht voreilig, sondern ganz gezielt zu schießen.

Gut erinnere ich mich daran, wie zu Weihnachten, wenn wir aus dem Wald den Weihnachtsbaum holten, meistens auch ein kleines Waldtreiben auf den Hasen gemacht wurde. Hatten wir dann den einen oder anderen Mümmelmann erlegt, wurden diese an gute Bekannte als Weihnachtsbraten verschenkt. Am liebsten brachte ich den Weihnachtshasen zum pensionierten Gemeindedirektor Bücker, dessen äußerst liebenswürdige Frau – für mich »Tante Camilla« – meine Zubringerdienste immer mit einem silbernen Fünfmarkstück und einer Handvoll »Echte Schwartauer Bonbons« belohnte.

Das Rehwild drückte man sich im Winter zu und schoss es auf kurze Distanz mit der »Brenneke«. Das gelang in der Regel auch, halt diese Wildart doch ihren gewohnten Wechsel mit ziemlicher Sicherheit ein.

Genossen wir Jungen auf dem Lande und in den Förstereien auch jagdlich eine Freiheit, wie sie heute unvorstellbar ist, so hielt mein Vater mich doch sehr energisch an, vorsichtig und waidgerecht zu jagen. »Nicht durch das Erlegen von vielem Wild, sondern durch das waidgerechte Jagen wird man zum Jäger!« Er schenkte einfach einen Vorschuss an Vertrauen. Ich hätte heute

Angst, eine so große Verantwortung auf mich zu nehmen, wie es seinerzeit mein Vater tat. Aber was weiß ich, mit welcher Besorgnis er mein Treiben beobachtet haben mag. Die Zeitumstände waren damals eben doch andere und sind mit den heutigen ganz und gar nicht zu vergleichen. Jagd galt nicht als Hobby, sondern war Arbeit. Jagd kostete Zeit, die in der Landwirtschaft dringend vonnöten war. So sah man es nicht gern, wenn diese nutzlos für die Jagd vertan wurde. Für uns Jungen war das nur von Vorteil. Weil man auch sonst hier und da mit anpacken musste, war es selbstverständlich, dass man auch bei der Jagd helfen konnte. Wir kannten den gewohnten Ablauf der Natur und waren ihm auch unmittelbar ausgesetzt, sodass wir wie selbstverständlich ins grüne Handwerk hineinwuchsen. An Jagdgelegenheiten und -möglichkeiten mangelte es keineswegs. Wie leicht hatten wir es, Jäger zu werden!

Ich bin jagdlich in einem Niederwildrevier aufgewachsen. Wenn ich heute vor die Frage gestellt würde, ob ich lieber in einem Hoch- oder Niederwildrevier jagen würde, so ist die Entscheidung darüber schwer. Das eine habe ich von Kindesbeinen an erlebt; die Hochwildjagd habe ich in späteren Jahren kennengelernt. Jede Jagdart hat ihren eigenen Reiz. Am besten ist es natürlich wie immer, wenn beides sich vereint. Dennoch muss ich eingestehen, dass ich mich, wenn ich wählen könnte, erneut für die Niederwildjagd entscheiden würde, denn sie ist um vieles abwechslungsreicher. Gerade die bescheidenen, kleinen Freuden verschönern das Leben oft am meisten. Welch glückliche Stunden waren es, wenn man als Jungjäger oder auch später am Wochenende, die Flinte geschultert, mit dem Hund ein wenig durchs Revier streifte und ein paar Karnickel mit nach Hause brachte, vielleicht einen Fasanenhahn oder ein paar Enten! Hier erfüllten sich Jungen- und Jugendträume! Dabei kam es nicht darauf an, große Strecke zu machen. Doch dieses klein bescheidene, stille Jagen allein im Revier, diese Erlebnisse mit den verschiedenen

Wildarten haben sich sehr nachhaltig bei mir eingeprägt. So erinnere ich mich noch genau an die Erlegung meines ersten Hasen, der unversehens im Fichtenwäldchen vor mir aufsprang, als ich eigentlich auf Tauben aus war. Voller Stolz trug ich den prächtigen, mit seiner weißen Bauchwolle aufleuchtenden Waldhasen hoch erhoben an den Hinterläufen nach Hause, dass mir der Arm fast lahm wurde. Auch so manchen grauen Laputz habe ich vor der laut jagenden »Bessi«, unserer schon in die Jahre gekommenen, jagdlich erfahrenen Dackeldame, im Buschrevier geschossen, wenn diese sie aus Reisig- und Steckenhaufen oder dem mit Gestrüpp überwachsenen und mit Abfallholz teilweise zugeschütteten Bombentrichtern, von denen viele in unserem Wald wegen der Bombardierung der in der Nähe liegenden Erdölraffinerie verblieben waren, herausgetrieben hatte.

Einmal hat der Jagdeifer dieses kleinen Hundes mir sogar einen Marder vor die Flinte gebracht. Wie wild biss »Bessi« in die Stecken und zerrte voll Eifer daran herum. Als ich den Reisighaufen abzuschichten begann, spornte dieses den Hund nur weiter an und steigerte umso mehr seine Passion. Wie wild schliefte »Bessi« unter dem dicken Steckenzeug ein, sodass nur noch die hin- und herwedelnde Rute hervorschaute. Da überschlug sich plötzlich ihr Standlaut in schroffem Diskant, das ganze Astwerk geriet in Bewegung, und ehe »Bessi« sich rückwärts befreien konnte, sprang der Marder und buckelte eiligst davon, bis ihn die Gewehrschrote an den Platz bannten. Ein prächtiger, graubraun-seidiger Baummarder mit dem bezeichnend gelben Kehlfleck lag vor mir! Junge Jäger und alte Hunde jagen gut zusammen, und ich war so jung!

Und noch eine Begebenheit aus der Zeit ohne »offizielle Jagdkarte« steht mir lebendig vor Augen, und ich erinnere mich daran wie heute. Unser Hühnerstall stand ein ganzes Stück vom Haus entfernt am Ende einer Eichenallee, angrenzend an den Wald. Hier liefen wohl an die fünfzig Hühner und mehr auf den Wiesen und im Randbereich des Waldes frei umher, scharrten hier und da und führten zusammen mit zwei stolzen Hähnen ein glückliches Hühnerleben. Nur dass Fuchs, Marder und Iltis sich in der waldreichen Umgebung ihren Anteil vom Federvieh holten, war bei dem freien Herumlaufen der Tiere kaum zu vermeiden. So hatte es sich ergeben, dass zweimal in Folge Reineke hier morgens ein Huhn gerissen hatte, was am Ort des Geschehens an den vielen Federn mehr als deutlich zu erkennen war, denn diese lagen so zahlreich herum, als hätte einer mit Fleiß die Betten ausgeklopft. Eine weiße Leghornhenne, dem Fuchs soeben noch entkommen, hatte ihr Leben zwar retten können, war aber von dem Roträuberangriff doch wohl so attackiert und blessiert worden, dass sie am nächsten Tag tot im Stall lag. Das ging nun alles zu weit. Hier sollte und musste Abhilfe geschaffen werden, und das sofort! Was lag da näher, als dass man mich, der ich im Arbeitsleben auf dem Hof nicht voll eingespannt war, für diese höhere Aufgabe und diesen heiligen Zweck ausersehen hatte. »Du hast doch Ferien, hast Zeit! Also setz dich morgen in aller Frühe an! Kannst ja dein Vokabelbuch mitnehmen und lernen!« Mehr musste man mir gar nicht sagen. Das Erstere hörte ich mit Freuden, das Zweite mit dem Vokabelbuch würde sich finden! So traf ich entsprechende Vorbereitungen und tüftelte mir meinen besonderen Plan aus. Die tote Leghornhenne wollte ich in passender Schussentfernung als Köder nehmen. Damit der Fuchs mir das Huhn aber nicht so »schwuppdiwupp« in einem unbedachten Moment und allzu schnell davontrug, band ich es mit einer Kordel an einem Stecken im Boden fest. Die alte Hahnflinte auf dem Schoß, saß ich in aller Morgenfrühe, kaum dass es zu dämmern begonnen hatte, zweimal in Folge an, eingemummt in eine warme Decke und bisweilen ob der verkürzten Nachtruhe etwas schlaftrunken. Ich habe gewartet und gewartet, und ich sehe mich heute noch so dasitzen, wie der bekannte Jagdmaler Heinz Geilfus eine solche Jägerfigur einmal treffend skizziert hat: »Nur der Jäger unverdrossen!« Einen

Fuchs aber habe ich weder gesehen, geschweige denn einen solchen erlegt. Vielleicht wollte Meister Reineke mir »Greenhorn« schlicht und einfach zeigen, wie weit er einem solchen Anfänger doch überlegen ist.

»Wer den Fuchs fangen will, muss früh aufstehen!« Das Erste habe ich getan. Es ist aber zweitens mit diesem Ausspruch wohl gemeint, dass man cleverer sein muss als der Fuchs. Welche Wildart besitzt solche Schläue und Vorsicht wie der Fuchs! Ob damals die Windrichtung verräterisch ungünstig gestanden hat oder ob der Fuchs von den zwei vorher erbeuteten wohl genährten Rhodeländer-Hühnern einfach noch zu satt war – ich weiß es bis heute nicht. Gekommen ist er nicht!

Entenjagd im Keienvenn

Die Entenjagden im Steider Keienvenn, einem über dreißig Hektar großen Schilfgebiet, waren immer etwas Besonderes und haben sich mir besonders nachhaltig eingeprägt. Mit nur wenigen Schützen wurden ansehnliche Strecken erzielt. Wird die Entenjagd in der Regel abends ausgeübt, so fand sie bei uns frühmorgens statt, das heißt, man erwartete die Breitschnäbel an den wenigen im Schilf verbliebenen offenen Wasserflächen, wenn sie von der nächtlichen Futtersuche auf den Feldern in ihre ruhigen Tageseinstände zurückkehrten. Strecken von vierzig bis fünfzig Enten mit vier oder fünf Schützen waren die Regel. Gut getarnt saß man in den mit Reet abgedeckten Hütten an und musste schon ganz früh an Ort und Stelle sein. Besonders dieser nächtliche Aufbruch zur Jagd, der Marsch im Schein der Taschenlampe durch das unwegsame Moor- und Schilfgelände, die Fahrt mit der Pünte zu den einzelnen Hütten, dieses ganze Drum und Dran war für mich als Jungen ungeheuer beeindruckend und spannend.

Seinerzeit wurden die Enten bereits ab dem ersten August bejagt, das heißt, man musste um drei Uhr in der Nacht aufstehen, wollte man vor dem frühen Hellwerden im Sommer, bevor noch das erste fahle Licht im Osten aufleuchtete, auf den Hütten an den offenen Wasserstellen sein. Manchmal habe ich gerade in dieser Nacht vor dem ersten August gar keinen Schlaf bekommen, weil es abends dann immer noch sehr lange hell blieb und ich vor Jagdeifer nicht einschlafen konnte oder nicht einschlafen wollte, um ja nicht den Wecker zu überhören.

Beim festgelegten Treffpunkt »Am Schlopp« wurde zu dieser nächtlichen Zeit nicht viel geredet, ein kurzes »Moin!«, »Moin!«, dann setzte sich der Zug der wenigen Jäger in stockdunkler Nacht in Bewegung zum Marsch durch die unwegsame, mannshohe Schilfwildnis. Man tat gut daran, Anschluss zu halten und den Fuß dahin zu setzen, wo der Vordermann ihn auch hingesetzt hatte, um nicht plötzlich mit einem Bein oder auch beiden im heimtückischen Morast zu versinken. Aber: Wer darf schon jagen wollen, wenn er das Unbequeme fürchtet! Je näher man den offenen Wasserstellen kam, um so feuchter und sumpfiger, wankender und bisweilen schaukelnder wurde der Boden. Hatte man schließlich den »Schiffspatt« unweit der offenen Wasserstellen erreicht, begann die Fahrt zu den einzelnen Hütten mit dem Holzkahn, der mit einem langen Staken dirigiert wurde. Diese kleine längliche Pünte konnte höchstens drei Personen tragen, und nach Möglichkeit keine allzu »gewichtigen«, denn das Wasser stand nur wenige Zentimeter Oberkante. Angst durfte man schon gar nicht haben, musste ganz ruhig stehen und sich voll und ganz auf das Können des Fährmanns verlassen, der Weg und Steg genau kannte, um den heimtückischen und nicht ungefährlichen Stellen zu entgehen. Kenterte man, würde man von dem unerbittlichen, morastigen Wasseruntergrund langsam in die Tiefe gezogen.

War man schließlich auf der Hütte abgesetzt, hieß es warten. Man war in dieser kleinen Behausung für sich allein, richtete sich ein und harrte der Dinge, die da kommen sollten. Vor einem lag im dämmrigen Morgenlicht die hell glänzende Wasserfläche ruhig und untrüglich da, ja, musste ruhig und untrüglich daliegen und wie ein helles Auge ohne Lidschlag und ohne jede Bewegung zum Himmel blicken, damit die Enten keinen Verdacht schöpften und einfielen.

Nicht lange, dann hörte man meistens schon ganz früh, fast noch im Dunkeln, das »Ffitt«, ffitt«, den sirrenden Schwingenschlag und das laute Paaken der ersten ankommenden Enten, einzeln, zu zweit, vielleicht auch als kleiner Schoof. Ohne lange zu kreisen, fielen sie an der Schilfkante ein und waren als dunkle Punkte kaum sichtbar. Man ließ sie unbehelligt und in Ruhe, bis sie nach kurzer Zeit auf die offene Wasserfläche schwammen und ganz vertraut wurden. Nach Möglichkeit wartete man so lange, bis zwei ganz nahe zusammengeschwommen waren, um beide dann mit einem Schuss zu erlegen; meistens bekam man mit dem zweiten Schuss noch eine weitere Ente beim Auffliegen des Schoofes. Dann hatte man neben den mitgebrachten schwimmenden Lockenten noch drei weitere vor sich auf dem Wasser liegen. Und das war gut! Je früher man morgens Waidmannsheil hatte und je mehr geschossene Enten auf dem Wasser lagen, umso erfolgreicher verlief in der Regel die Jagd am ganzen Vormittag.

Ich habe viele Entenjagden von klein auf miterlebt und dann häufig mit dem schon älteren Jäger Bernhard Mönning zusammen auf der Hütte gesessen. Seine Gelassenheit und Ruhe, die er an den Tag legte, wenn Enten vor der Hütte eingefallen waren, beeindrucken mich bis heute, insbesondere, wie er warten konnte, bis er sich zum sicheren Schuss entschloss. Mucksmäuschenstill musste ich sitzen, durfte mich weder regen noch rühren, denn mit einem Male hätte der ganze Schoof auffliegen und damit auf Nimmerwiedersehen davon sein können. Dann wurde meine jugendliche Ungeduld immer auf eine harte Probe gestellt. »Warum schießt der denn nicht? Los, jetzt schieß doch endlich!« Aber heute verstehe ich, dass er sich damals nicht von meiner ungezügelten Passion treiben ließ, sondern zuallererst darauf aus war, einen gezielten Schuss anzubringen, voller Verantwortung der Kreatur gegenüber. Er war im jagdlichen Verhalten stets ein Waidmann, zu dem man als junger Jagd-Adept mit Bewunderung aufblicken konnte.

Sehr eindrucksvoll war bei diesen Entenjagden immer der Anflug der Breitschnäbel, wenn diese aus der Richtung der im Osten rot aufgehenden Sonne, in die man kaum sehen konnte, mit pfeifend hörbarem Schwingenschlag direkt auf einen zugesaust kamen und, ohne lange über der Wasserfläche zu kreisen, zum Einfallen ansetzten. Sie landeten mit ihren ausgestreckten Latschen – vergleichbar dem ausgefahrenen Fahrwerk von Flugzeugen – nur wenige Meter vor einem im Wasser. »Ruhe! Ruhe! Und nochmals Ruhe!« Hatten die Enten erst einmal Wasser geschöpft – gerade in den warmen Augusttagen waren sie nach der Futtersuche auf den Feldern sehr durstig –, fingen sie im Nu zu quaken an, ordneten schüttelnd ihr Gefieder, schwammen hierhin und dahin und fühlten sich bald ganz in ihrem Element.

Alle geschossenen Enten blieben auf der Wasserfläche liegen und dienten so als zusätzliche Lockenten. Je mehr geschossene Enten auf dem Wasser lagen, umso schneller fielen neu ankommende bei ihren Artgenossen ein, ein für die Enten böser Trugschluss, für uns Jäger ein erfreuliches Phänomen!

Bei der Rückkehr der Breitschnäbel von der nächtlichen Futtersuche auf den Feldern ließen sich gewisse Etappen feststellen: Ein erster Ansturm setzte ein, wenn die Landwirte frühmorgens beim Hellwerden zum Melken fuhren; ein weiterer gegen sieben Uhr, wenn sie mit schwerem Ackergerät die Felder zu bestellen begannen und schließlich gegen neun Uhr, wenn sich überall mehr Leben regte und die Enten allerorten gestört wurden.

Man musste auf den Hütten so lange ausharren, bis man wieder abgeholt wurde, und das konnte dauern. Es geschah manchmal erst am späten Vormittag und richtete sich je nach Witterungslage und Ententflug. Bei regnerischem Wetter kamen nicht selten große Flüge von zwanzig, dreißig und mehr Enten erst sehr spät. »Wi mött noch wochten!« (»Wir müssen noch warten!«), gab Bernhard Mönning dann durch Zurufen und Handzeichen die Parole aus, denn er brachte neben einem Rucksack voller Patronen auch immer viel Zeit und Geduld mit. Apropos Patronen! Ganz schlimm war es – und dem einen oder anderen Jagdgast ist es wohl so ergangen –, wenn man auf der Hütte weilend all seine Patronen verschossen hatte und nun mit leerer Flinte traurig dasitzen musste, und es fielen noch ständig Enten ein! Das passierte einem nur einmal! Beim nächsten Mal sorgte man ganz gewiss für genügend Vorrat und stopfte sich gehörig die Taschen voll.

Ein paar Mal habe ich es erlebt, dass gerade dann, wenn wir aufbrechen wollten oder dabei waren, die auf dem Wasser liegenden geschossenen Enten einzusammeln, was eine gewisse Zeit in Anspruch nahm, plötzlich noch große Flüge Enten über uns kreisten und diese, wenn wir es rechtzeitig geschafft hatten, unter dem überhängenden Schilf ein wenig in Deckung zu gehen, durch die Vielzahl der toten Enten auf dem Wasser angelockt, unglaublich schnell, ja, fast blindlings einschwenkten und mit einem Male in abgebremstem Flug hinunterkippend, in gar nicht weiter Entfernung vor uns einfielen. Dann wurden einige noch zusätzlich zur leichten Beute.

Einmal passierte es bei diesem Einsammeln der Enten, dass unser Boot kenterte. Und das kam so:

Wieder war beim Einsammeln der Breitschnäbel am späten Vormittag unerwartet noch ein Schoof Enten eingefallen, von denen drei getroffen, eine aber noch zappelnd und ständig mit den Flügeln schlagend in einiger Entfernung am Schilfrand sich davonmachen wollte. Der sonst ruhige »Birko«, der als Apportierhund im Boot stets mitfuhr und die seitlich ins Schilf gefallenen Enten nachzusuchen hatte, war jetzt mit einem Satz aus dem Boot im Wasser. Karl Rausing ließ ihn; er kannte seinen Hund und wusste, dass er die Ente gewiss bringen würde.

Weil die Zeit drängte, waren wir zwischenzeitlich schon damit beschäftigt, die eingesammelten und auf dem Boden des Bootes liegenden Enten am Rucksackgalgen zum Abtransport zu befestigen. Voll mit dieser Arbeit beschäftigt und an den Hund gar nicht mehr denkend, bekommt das Boot plötzlich hinten einen Ruck. Drahthaar-Rüde »Birko« will ins Boot zurück und reißt abrupt mit seinen Vorderläufen den hinteren, nur wenige Zentimeter aus dem Wasser ragenden Bootsteil nach unten, sodass der ganze Kahn Schieflage bekommt, zu kippeln beginnt, sich im Nu hinten mit Wasser füllt und wegsackt. Durch den plötzlichen Ruck aus dem Gleichgewicht gebracht, stößt der eine den anderen von uns

K.P. Reif

im Boot Stehenden oder sich zu den Enten Heruntergebeugten an, sodass alle wohl oder übel ins moorastige Wasser abgleiten. Karl Rausing gibt sofort strikte Order, dass wir ganz ruhig bleiben und uns nach Möglichkeit nicht bewegen sollen, denn er weiß um die saugende Wirkung dieses Morastes: Je mehr man dann in Panik gerät und sich bewegt, umso tiefer sackt man ein. Mit dem langen Staken, den er noch in Händen hält, gelingt es ihm, den Untergrund damit abtastend und sich vorandrückend, ganz langsam die etwa zehn Meter bis zum rettenden Ufer voranzukommen. Für uns zwei anderen ist dieses eine lange Wartezeit. Dann dürfen auch wir uns ein wenig bewegen, bis wir den langen Ruderstaken fassen können. Völlig verdreckt, aber heilfroh an Land zu sein, entledigen wir uns der schweren vom Morast durchtränkten Kleidung. Ebenso sind die Flinten völlig verschmutzt. Aber das ist unwichtig! Wenn es ums Überleben geht, zählen materielle Dinge rein gar nichts mehr. In diesen Momenten wäre es sogar völlig belanglos, wenn das Gewehr im Morast bleiben würde.

Die letzte Etappe bei diesen Entenjagden war schließlich der mühevolle Rückmarsch aus dem Schilfgebiet. Jetzt war jeder von uns meistens mit etwa zehn am Rucksackgalgen baumelnden Enten schwer bepackt. Die wiegen und drücken! Dazu kam die mittägliche Hitze der ersten Augusttage! Es hieß nun, auf dem wankenden, mit Tiefen versehenen und schmalen Weg durch das Schilf wieder zurückzukommen. Man musste – wenn es im Gegensatz zum nächtlichen Hinmarsch jetzt auch taghell war – dennoch höllisch aufpassen, weil man mit der schweren Entenlast auf dem Rücken oder seitlich auf der Schulter bei jedem Schritt doch allzu sehr hin- und herwankte. Nach gut halbstündigem Marsch hatte man endlich den schlimmsten Teil der Schilfwildnis wieder hinter sich gelassen und befand sich auf festerem Boden. Endlich war man am morgendlichen Ausgangspunkt der Jagd, dem »Schlopp«, wieder angekommen, wo ein kühles Getränk, das man wohlweislich im Kofferraum der in schattigen Gefilden stehenden Autos deponiert hatte, auf uns verschwitzte Entenjäger wartete. Wir saßen dann im Rund vergnügt immer noch eine Zeit lang zusammen und ließen die Jagd Revue passieren. Weil es meistens ohnehin schon spät am Vormittag war und es sich bis zur Mittagszeit nicht mehr lohnte, dem Arbeitsalltag nachzugehen, redete man über dieses und jenes, und die Zeit verging im Nu. Heinrich Wilken, der häufig mit von der Partie war, brachte unser genüssliches Zusammensein »Après Jagd« fast immer aus tiefster Überzeugung gekonnt so auf den Punkt: »Was geht es uns gut! Wir können zur Jagd gehen, haben Bier, Zeit und Zigaretten!«

»Ist der Wippstert wieder da, streicht auch der Schnepf«

Auf dem Jagdschrank stehen zwei filigran gefiederte Schnepfen in Balzstellung mit ihren markant langen Stechern und dem aufgestellten Federkranz am Bürzel. Sie erinnern mich an unvergessliche Abende des Schnepfenstrichs und an den Zauber vieler Vorfrühlingsabende.

Wenn die Bachstelze, der »Wippstert«, aus dem Süden in die nördlichen Sommergefilde zurückkehrt, dann weiß jeder Jäger wohl, dass auch die Schnepfe wieder eingetroffen ist und der Frühling vor der Tür steht. »Ist der Wippstert da, streicht auch der Schnepf!« Der Jäger kennt da ein altes Sprüchlein:

Invocavit – nimm den Hund mit,
Reminiscere – putzt die Gewehre!
Oculi – da kommen sie.
Laetare – das ist das Wahre.
Judica – sind sie auch noch da.
Palmarum, lirum, larum,
quasimodo geniti –
Halt, Jäger, halt, jetzt brüten sie!

Die einzelnen lateinischen Wörter sind dem Beginn des Introitus an den Fastensonntagen entnommen. Da das Osterfest zeitlich beweglich ist, muss man hier mit dem Jagdklassiker Walther Niedl allerdings auch bedenken: »Die Jägerei kennt wohl Regeln, aber ebenso Ausnahmen. »Im Revier ist eins plus eins oft gleich null; es gibt keine grüne Mathematik.« Darum muss sich der Jäger noch ein zweites Sprüchlein merken: »Es ist der alte Schnepfenstrich nicht an den Tag gebunden, denn oft hab' ich zu Oculi statt Schnepfen nichts gefunden. Und manchmal sind zu Judica die

Schnepfen ohne Zweifel, dem Aug' entwischt, schon lange Zeit beim Teufel.«

Gerade nach der unwirtlichen Jahreszeit, der düsteren Trübnis des Winters, wenn die ersten Frühlingstage anbrechen, die noch weichen, samtenen Blatttriebe an Sträuchern, Büschen und Bäumen zu sehen sind, die weißen Sterne der Buschwindröschen aus dem gelbbraunen Dürrgras leuchten und die gelben Blüten des Huflattichs zu sehen sind, wenn alles nach quellendem Leben und frischer Erde duftet, welchen Jäger hält es dann daheim! Die Abende werden länger, und es verlangt einen einfach danach, draußen zu sein, den Vorfrühling und die ihn begleitende Ruhe vor dem neuen Erwachen der Natur zu erleben.

Für mich war es in den Semesterferien nach den zumeist klausurreichen Wintermonaten immer ein besonderes Erlebnis, wieder einmal in heimischen Gefilden die Stille des Waldes mit seiner milden, würzigen Luft zu genießen, dem majestätischen Balzflug des Bussards und der ziehenden Reiherenten zuzusehen, besonders aber dem Stimmengewirr der Vögel zu lauschen. Überall in den Wiesen stachen quirlig und emsig die Stare. Und es konnte sein, dass diese kleinen, schwarz-glänzenden Frühlingsboten in solch riesigen Scharen einfielen, dass die eben noch grüne Wiese plötzlich wie ein schwarzerdig gepflügter Acker aussah. Diese riesigen Ansammlungen von Staren in meinem Heimatort waren bekannt und lockten von weither viele Besucher an. Es kamen ganze Heerscharen in Bussen angereist, um das seltene Naturschauspiel der »Spreehen«, wie die Stare bei uns gemeinhin bezeichnet wurden, zu sehen. Und es war immer wieder ungeheuer beeindruckend, wenn diese kleinen Vögel in riesigen Schwärmen wie auf das Kommando eines unsichtbaren Regisseurs in faszinierenden, jähen Wendungen und Schwenkungen einer brausenden Wolke gleich steil aufstiegen, um ebenso jäh senkrecht zu Boden zu gehen. Besonders spannend wurde es, wenn ein Raubvogel sich zeigte und den Schwarm attackierte. Mit ihren seltsamen und plötzlich in den verschiedensten Formationen dargebotenen Flügen verwirrten sie den Angreifer und verdüsterten dann manchmal fast den Himmel, bevor sie sich schließlich im Röhricht und Schilf des weitflächigen Keienvenns zur Nachtruhe niederließen. Ornithologen schätzten ihre damalige Zahl, die aus vielen Schwärmen bestand, auf über hunderttausend. Nur wenige Hochzeiter verblieben jedoch nach diesem alljährlich hier stattfindenden Paarungstreffen im Frühjahr zur Brut, wurden aber liebend gern gesehen, wenn sie in ihrem dunkel glänzenden und perlbestickten Federkleid vor einem Nistkasten ihr unüberhörbares Zwitschern und geschwätziges Schnarren und Schwatzen in der Frühlingssonne darboten.

In Vorahnung der Bockjagd schaute ich an diesen Abenden auch erwartungsvoll nach den blanken, hell leuchtenden Fegestellen und freute mich ebenso über den in der Feldflur so eilig daherhoppelnden Hasen als Künder und Boten des bevorstehenden Osterfestes. Auch einige Kaninchen waren immer zu sehen und scharrten als kleine graue Flitzer putzmunter in der noch feuchten Frühlingserde. Auch sie bedurften nach der langen und kargen Winterzeit der ersten frischgrünen Grasspitzen.

Oft habe ich hier an der »Bewert« in der Waldzunge gestanden, gut getarnt hinter einem dicken Buchenstamm im lauschigen Winkel, unweit der sumpfig-nassen Wiesenpartie, lückig bestockt mit Weidenbüschen, Haselnusssträuchern und niedrigem Aufwuchs. War der Abend eben noch erfüllt gewesen mit dem hell melodischen Flöten der Singdrossel, dem rührend bescheidenen Gesang des Baumläufers und dem leise perlenden Lied des beständig hin- und herwippenden Rotkehlchens, so verstummte alsbald das Abendsingen der Vögel immer mehr, verklang ihre melodische Ouvertüre und verschwand schließlich in immer leiser, dahinschallenden Soli bis zur gänzlichen Ruhe. Dieser erste abendliche Vogelsang – besonders der Amsel auf dem Dachfirst oder im allerhöchsten Baumwipfel – hatte und hat nach den trüben und kalten Tagen immer eine ungemein wohltuende und friedvolle Wirkung. Lautlos sinkt die Dämmerung auf die Landschaft herab; es wird stiller und stiller, und mehr und mehr nimmt das langsame Dunkelwerden zu, bis nur noch der von ferne klagende Ruf des Sperlingskauzes in diesen letzten Augenblicken des scheidenden Tages zu vernehmen ist.

So stehe ich auch jetzt stocksteif und horche hinein in diese kurze, erregende Spanne zwischen Tag und Nacht. Dem lauschenden Harren und gespannten Erwarten folgt ein aufgeregtes Zusammenzucken, und da sehe ich ihn auch schon plötzlich am Himmel, den ersten Boten des Frühlings, wie er quorrend und puitzend über das niedrige Gehölz und die Blöße dahergeschaukelt kommt, höre das orgelnde »Quork, quork, quork« und dann auch das hell pfeifende »Pisik, pisik!«, zunächst noch unbestimmt, dann immer deutlicher, und ich sehe, wie nun zwei geheimnisvoll balzende Frühlingsboten von einer Bestandeskante zur anderen streichen und im Zickzackflug vor mir daherziehen, im Zwielicht zu einem ungewissen Schatten werden und schließlich in nichts zerfließen. Und jetzt kommen sie auch schon zurück, die ungestümen Hochzeiter, und ich kann miterleben, wie beide erneut vor mir auftauchen, sich im Gaukelflug beim Minnespiel jagen und quer über die Blöße hoch flatternd an mir vorbeistreichen, bis die Abendsterne immer heller funkeln und die Nacht Bäume und Büsche fast gänzlich zusammenwebt. Nur ein paar Vogelrufe, nur die Balzlaute von Schnepfen, und doch – welch ein Erlebnis, welch zauberhafte Stimmung, welche Freude und Gewissheit, dass der Frühling nun nicht mehr auf sich warten lässt!

Heute ist die Frühjahrsjagd auf die Schnepfe verboten, doch geblieben sind der Reiz und die Faszination dieser Vorfrühlingsabende. Was wäre die Jagd ohne diese erstaunte Ergriffenheit vom stetigen Wandel in der Natur, ohne dieses aufbrechende Naturerleben im Frühling! Hätte das Waidwerk nicht diese Verbundenheit mit der Natur – und gerade im Frühling erlebt man diese am intensivsten –, dieses Tiefe, Eigentliche, wäre alles jagdliche Tun ohne Seele, wäre nur virtuos ausgeübtes Handwerk. Zum Jagen gehören die Beschaulichkeit und das Herz, das Schauen und Losgelöstsein aus dem Alltag. Und gerade der Jäger ist ja in besonderer Weise und unmittelbarer als viele andere mit der Natur, mit ihrem Kreislauf von Leben und Vergänglichkeit verbunden. Das »Jahr des Jägers« beginnt mit dem Monat April. Dieses ist ein Zeitpunkt, wo allerorten das Leben erwacht, wo aus Altem Neues entsteht, Leben und Tod ganz eng beieinander sind und die unbändige Kraft der Lebenserneuerung einsetzt.

Der Jäger lebt mit *zwei* Zeitrechnungen: dem Beginn des Kalenderjahres am ersten Januar und dem Aufgang des Jagdjahres am ersten April. Fängt das übliche Jahr konsumkonform mit einem Hundert-Millionen-Feuerwerk an, so beginnt das jägerische Jahr mit dem Schnepfenstrich und der Wiederkehr der Bachstelze auf eine Weise, dass bald hundert Millionen Vogelstimmen in hundert Milliarden Bäumen zu hören sind, Billionen von Knospen und Blüten sich in einem einzigen Augenblick öffnen und das Spektrum des Sonnenlichts in Billiarden von Wassertropfen funkelt. Welche Wunder der Natur, wenn man sie nur zu sehen versteht!

Die Jagd auf den roten Bock

Die Rehgehörne im häuslichen Flur haben in der Verschiedenartigkeit ihrer Form und ihrer teilweise starken Perlung schon früh eine faszinierende Wirkung und unwiderstehliche Anziehungskraft auf mich ausgeübt, der ich mich nur schwer entziehen konnte. Nicht minder beeindruckend fand ich als Kind die ungeheuer große Anzahl von Rehgehörnen, wie ich diese bei meinen Großeltern mütterlicherseits im geräumigen Dielenraum mit dem Herdfeuer sah. Hier mussten wohl, weil es so viele waren, die Rehkronen von mehreren Jägergenerationen hängen und mitten darin – für mich als markanter Punkt – das Präparat eines schwarzes Rehkopfes mit einem prächtigen, hellstangigen, eher weißlichen Sechsergehörn.

Hat man sich über Spatz, Ratte und Häher, Fasan und Hase bis zum Schalenwild hochgedient – bekanntermaßen hat es noch nie geschadet, klein zu beginnen, um sich an Größerem zu erfreuen – und schließlich seinen ersten roten Bock frei, ist dieses etwas ganz Besonderes, gilt man doch dann als vollwertiges Mitglied in der grünen Gilde. Auf ein Stück Schalenwild allein und in eigener jägerischer Verantwortung waidwerken zu dürfen, ist ein besonderer Vertrauensbeweis. So sehnte auch ich die Zeit herbei, dass ich die Büchse auf den roten Bock führen durfte. Und die beglückende Jagd auf diese Wildart ist mir in reichem Maße geschenkt worden. Dabei ragen aus der Vielzahl der Gehörne einige heraus, die einen besonderen Erinnerungswert haben, und ich finde mich beim Anblick dieser Gehörne in liebe Vergangenheit zurückversetzt. Unvergessliche Erlebnisse werden wach; unvergänglich für den, der sie hat durchleben dürfen und den sie darüber dankbar machen. Und so will ich von dem berichten, was das Herz zu erfüllen vermochte. Dazu gehört natürlich die Erlegung des ersten Rehbockes, die bei mir aber recht undramatisch vonstattenging und bei der alles fast schneller verlaufen ist, als man es erzählen kann.

Es war an einem späten Vormittag Ende Mai, als ich mehr zufällig dem an den Hofwiesen angrenzenden, jetzt in frischem Grün stehenden Wald zustrebte, um nur »so ein bisschen herumzugucken«, vielleicht noch die eine oder andere frische Fegestelle und den Einstand eines noch nicht bekannten Bockes zu entdecken. Den kurzen, handlichen Drilling hatte ich eher beiläufig mitgenommen. Man kann ja nie wissen! Hat man das Gewehr nicht dabei, dann …

Als ich auf leisen Sohlen ein wenig gedankenversunken die Eichenallee zum Wald entlangschlendere, sehe ich plötzlich, kaum dass ich im Wald untergetaucht bin, unweit einer Fichtenschonung neben einer mit hoch aufragendem Wurzelteller umgestürzten Buche etwas Rotes aufleuchten, das da nicht hingehört. Da steht doch tatsächlich hier schon vorne im Wald wie aus dem Boden gewachsen ein Reh! Augenblicklich reißt es mich zusammen, und ich verhalte im Schritt. »Mein Gott! Das ist ja ein Bock. Und was für einer! Mächtig in der Figur, prall in der roten Decke, lang vorgestreckt der Träger!« Noch hat er mich nicht wahrgenommen; die Zeit reicht gerade, mich schnell hinter einer kleinen Fichte zu verbergen. Der Bock verharrt am Platz wie angewurzelt, beschienen durch die vom Gezweig nur wenig gebrochenen Strahlen der wärmenden Maisonne, und schaut starr, gleichsam dösend vor sich hin. Die Entfernung mag kaum sechzig Schritt betragen. Es ist ein Gabler mit hohen, dunklen und knuffigen Stangen, eng stehend, aber nach oben hin lyraförmig auseinandergehend. »Das ist kein junger Bock, das ist ein älterer!« In der Sonne ist jetzt auch das graue Gesicht deutlich zu erkennen. »Der müsste doch richtig sein!« Mit einem Male sitzt nun, als es ernst wird, der Herzschlag hoch im Halse. Der Bock, nein, noch immer hat er mich nicht wahrgenommen, noch immer steht er unbekümmert und scheibenbreit in der hellen Sonne da. Langsam greift meine Hand zum Drilling, der Zentimeter um Zentimeter von der Schulter gleitet. Ganz vorsichtig fingere ich eine 7 × 57 aus dem Schaftmagazin, und ich merke, wie die Hände zunehmend zittriger werden. Jetzt nur nicht durch Hektik alles vermasseln! Leise das Gewehr geöffnet, die Patrone ganz vorsichtig in den Lauf geschoben und ebenso behutsam das Gewehr wieder geschlossen. An dem Fichtenstämmchen vor mir gehe ich ganz, ganz langsam in Anschlag. Aber wo ist jetzt das Ziel, der rote Fleck? »Himmel!« Der schwarze Zielstachel wackelt hin und her, dann aber ist handbreit die rote Fläche gefunden, und ich halte schnell und voller Erregung mit der ganzen Unbekümmertheit und dem ungestümen Eifer der Jugend mitten aufs Blatt. Im Donnergetöse bricht der Schuss, und es reißt den Bock so »rumms« von den Läufen. »Prima! Prima! Das hat ja prima geklappt!« Die ungeheure Spannung der letzten Sekunden bricht sich Bahn in einer ungezügelten Freude. Jetzt hält mich nichts mehr am Platz. Sofort renne ich hin. Was für ein starker und mächtiger alter Gablerbock liegt da vor mir! Ich stehe wie benommen, und ein überschwängliches Glücksgefühl von Stolz und Zufriedenheit ergreift mich. Erregt umfasst meine Hand das Gehörn, tastet darüber hin, und ich kann mich nicht satt daran sehen: die dicken, dunklen Stangen, das kaum vereckte, sehr hohe Gablergehörn auf den wulstigen Dachrosen, fast schwarz und voll tiefer Furchen. »Was werden die anderen staunen!« Es ist ein kostbarer Schatz, den ich jetzt nach Hause bringe. Diese Freude will und muss ich sofort mitteilen, und mehr laufend als gehend mache ich mich mit hastendem Atem auf den kurzen Heimweg. Voll Eifer berichte ich von meinem Waidmannsheil. Und alle kommen mit zum erlegten Bock, und von allen Seiten bekomme ich Lob und Anerkennung und bin in diesen Augenblicken – der glücklichste Mensch auf Erden! Ja, eine solche Freude und ein solch sich begeisterndes, unbekümmertes, ungetrübtes Hochgefühl reinsten Glücks kann man wohl nur in jungen Jahren haben.

Der Bock, etwa fünf- bis sechsjährig, bekam auf der Kreisgehörnschau den silbernen Bruch. Ist es nicht doch so, dass Diana, die junge, hochbeinige, schlanke Schönheit, es besonders mit der Jugend hält, dass sie häufig eben den jungen Jägern voller Gunst zulächelt und ihnen in besonderer Weise zugetan ist? Rückblickend kann ich mir die so einfache und mühelose Erlegung dieses starken Bockes nur so erklären, dass dieser in der mittäglich stillen Stunde des Pan, die schon vielen alten, heimlichen Böcken zum Verhängnis wurde, seinen »dummen Gang« gemacht hat und mit halb geschlossenen Lichtern und vor sich hin dösend, sich von der wärmenden Sonne bescheinen ließ. Auch werden ihn die lichten, hellen Sonnenstrahlen wohl derart geblendet haben, dass er von mir gleichsam im Handstreich und so mühelos erlegt werden konnte. Welcher alte »Geheimrat« lässt sich sonst so leicht erbeuten!

Zu einem ebenfalls ganz unverhofften Waidmannsheil auf den roten Bock verhalf mir in dem darauffolgenden Jahr wiederum eine Zufallsbegegnung. An einem Pfingstmontag fahre ich am Spätnachmittag – der Abend ist anderweitig verplant – noch kurz in die Feldmark, weil es so herrliches Pfingstwetter ist und ich in der allerorten aufblühenden Natur einfach draußen sein möchte. Überall grünt und blüht es; das Gras in den Mähweiden steht in vollem Wuchs und ist wegen der Feiertage noch nicht geschnitten, was danach aber sicher sofort geschehen wird. In diesem Gräsermeer hält sich nun gerne das Rehwild auf, und deshalb will ich hier einfach einmal nachschauen. Fernglas und Büchse habe ich so en passant mitgenommen. Aber was soll am Spätnachmittag schon zu jagen sein!

Als ich den langen, mit Strauchaufwuchs umsäumten Sandweg zum »Meschke« entlanggehe, entdecke ich auf knapp hundert Schritt, im Gewirr des dichten und hoch aufragenden Rispen-

und Weidelgrases kaum sichtbar, Haupt und Rückenlinie eines Rehes und sehe dann auch, als dieses einmal aufwirft, sofort das Gehörn: Es ist ein Bock. Nichts ahnend und völlig vertraut bummelt dieser durch die Sommerwiese und nascht einmal hier, dann dort von den Gräsern. Der Blick durchs Glas bestätigt mir: Es ist ein starker Sechserbock mit massigen Stangen und weiß blitzenden Enden. »Donner, ja, hat der hoch auf! Den muss ich mir doch näher ansehen!« Behutsam und vorsichtig versuche ich, den Leitersitz zu erreichen, um einen besseren Überblick und wegen des hohen Grases auch gegebenenfalls eine Schussmöglichkeit zu haben. Als ich mich ganz, ganz langsam über die Leiter von unten auf den Sitz gezwängt habe, bestätigt mir die genauere Sicht: Das muss der Kapitale vom Riedgraben sein, der schon im letzten Jahr hier seine Fährte zog. Ein massiges Gehörn mit hohen Stangen und wahrhaft langen, scharfwinkligen Enden. Alle redeten im letzten Jahr von ihm, aber selbst in der Blattzeit konnte ihn niemand erbeuten. »Himmel, das ist in der Tat ein kapitaler Bock!« Es ist ein Anblick, der einem das Klopfen in den Hals wirft und die Begierde weckt! Und ich – ja, ich habe ihn jetzt hier zum Greifen nahe vor mir! Sollte ich diese Gelegenheit nicht nutzen? Keiner würde mir gram sein, wenn ich ihn hier am Dreiländereck erlegte. Ich besehe ihn mir im lichtstarken Glas noch einmal. »Herrschaften! Was für ein Gehörn!« Noch hin- und hergerissen, ob ich ihn strecken soll, kommt mir der Bock im hohen Gras nah und näher und fordert die Entscheidung. Mit fiebernden Nerven schiebe ich die Büchse auf die Brüstung und visiere ich ihn schon einmal an. Da verharrt er mit einem Mal. Hat er eine Bewegung wahrgenommen? Vergeblich versucht der Kapitale Wind zu holen. Dann zieht er langsam weiter. Ich setze mit Herzklopfen das Gewehr ab. »Soll ich oder soll ich nicht?« – »Aber ich habe doch freie Büchse!« Würde ich im Nachhinein von diesem Prachtbock und der gebotenen Chance berichten, sicher würde man mir sagen: »Na und! Warum hast du den denn nicht geschossen?« Es muss jetzt bald zu einer Entscheidung kommen, sonst ist die Gelegenheit vertan.

Noch einmal nehme ich das Fernglas zur Hand und sehe wieder das eisgraue Gesicht und das ungeheuer kapitale Gehörn. Wieder verhofft der jetzt ein wenig argwöhnisch werdende Bock. Und dann lanciert ihn mir St. Hubertus vor die Büchse. Der Kapitale zieht, mir die Breitseite zeigend, nach links gemächlich weiter. Der Gewehrkolben gleitet langsam an die Schulter. Alles geschieht dann ganz schnell. Ein leiser Pfiff, und auf einer Graslücke, kaum vierzig Meter vor mir, sinkt der Bock, hochblatt getroffen im Knall in sich zusammen.

»Was der Mann nicht wagt, erfrecht sich bisweilen die Jugend!« Ein kapitaler, wohl über fünfjähriger Bock liegt vor mir. Ich kann mein Waidmannsheil kaum fassen. Dann, als die glückliche Erregung ein wenig verebbt ist, trage ich ihn stolz und glücklich zum Auto und mache mich eilends auf den Weg nach Hause. Mein Vater freut sich mit mir über mein so unverhofftes Waidmannsheil. Wie leicht und unverdient ist mir auch diese starke Trophäe zugefallen!

Wie kommt es nur, dass gerade die jungen Jäger bisweilen solch ungeahnten Dusel und solches Jagdglück haben! »Wenn's mag, geht's leicht; wenn's net mag, ist alles umsonst!« Günstige Gelegenheiten muss man eben beim Schopfe packen. Manchmal muss man Versuchungen auch einfach nachgeben. Wer weiß, ob sie wiederkommen!

Noch ein weiteres, allerdings nicht besonders ruhmreiches Zusammentreffen mit einem Rehbock kommt mir noch in den Sinn, das ein paar Jahre später unser Praktikant Leo und ich während der Blattzeit hatten. Es war an einem regnerischen Abend Anfang August. Weil an diesem Tage im Hause viel Besuch war, der nicht uns galt, sahen wir die Gelegenheit als günstig an, »nur mal eben« im nahe gelegenen Wald mit der Flinte (eine Brenneke und eine Schrotpatrone mitgenommen) nach dem Rechten zu sehen. Kaum waren wir dort angekommen, ging ein Regenschauer nieder, und wir suchten schnell den schon etwas älteren, in der Nähe stehenden überdachten Hochsitz auf, um diesen kurzen Regenguss abzuwarten. Nicht lange waren wir hier im raumen Altholz auf der Kanzel – der starke Regen hatte schon ein wenig nachgelassen –, da prasselten durchs Unterholz plötzlich zwei Rehe heran, ein Bock und eine Ricke. Nach kurzem Verharren begann der Bock die Ricke zu treiben, ging der Hochzeitsreigen einmal hierhin, dann dahin. Schnell schob ich eine »Brenneke« in den Lauf. »Los, schieß doch! Der steht doch gar nicht zu weit!«, stachelte Leo mich an, wenn die Rehe näher gekommen waren und einmal verhofften, aber ich brachte Kimme und Korn auf den Bock so schnell einfach nicht zusammen.

Dann hielt plötzlich die Ricke, gefolgt vom Bock, genau auf unseren Hochsitz zu, und schon standen sie – es ist kaum zu glauben – ganz nah, ja, unter der Kanzel. Jetzt hatten wir die Rehe auf Tuchfühlung unter uns; wir saßen wie erstarrt, mucksmäuschenstill. Durch die Ritzen des Hochsitzbodens konnte ich es rot leuchten sehen. Doch welche von den roten Decken gehörte zum Bock? Ich lenkte den Lauf der Flinte ganz, ganz langsam hinunter durch die wohl ein bis zwei Zentimeter breite Bretterritze und sah jetzt, mich ein wenig vorbeugend, ganz deutlich die rote Rückenlinie von einem der Rehe. Dann konnte ich durch eine vordere Ritze auch noch das Gehörn erkennen: Es war ein junger Gabler mit kaum vereckten Stangen. Das rechte Reh war also der Bock! Und jetzt, jetzt war sie auf einmal mit aller Macht da – die große Versuchung, so nah und so verlockend wie die Rehe selbst. Und ich meine noch heute zu hören, wie Leo mir immer wieder gestenreich deutlich machte und zuflüsterte: »Nun schieß doch endlich! Los, nun schieß doch!« Erregt und benommen folgte ich, senkte ganz langsam den Gewehrlauf direkt auf die Bretterritze und wollte schon durch diese etwas breitere Astöse zielen. Aber wohin halten? So durch den engen Spalt? Unmöglich! Von oben senkrecht herunter und so nah? Ein irrsinniger Gedanke! Gott sei Dank bin ich standhaft geblieben und habe nicht geschossen. Wäre ich allein auf dem Hochsitz gewesen, ich hätte mich nie zu solch unkontrolliertem Tun, ja, überhaupt den Versuch des Zielens durch die Bretterritze hinreißen lassen. Aber zu zweit in der heiß-hungrigen Jägerjugend und die Beute so nah!

Doch wie das häufig ist, war auch hier die Chance schnell vertan. Nach wenigen Augenblicken preschten die beiden Rehe davon und waren außer Reichweite; die Entfernung war einfach zu nah gewesen.

Ein anderes, wirklich außergewöhnliches Gehörn an der Wand erinnert mich an unsägliche Mühen, die notwendig waren, um diese seltene Trophäe zu erbeuten. Als ich Anfang April mit dem Auto durchs Revier fahre, erblicke ich plötzlich, von einem tiefer liegenden Hohlweg aus im »Reddebree« auf dem wohl einen Meter erhöhten Acker verhoffend, kaum zehn Schritt von mir entfernt, einen in der Figur außergewöhnlich starken Bock mit einem ebenso außergewöhnlichen Gehörn, enorm massig mit dicken Rosenstöcken und weit ausladend. »Sapperlot! Ein solcher ist mir noch nicht vor die Büchse gekommen!« Dieser Eindruck und dieses Bild blieben in mir haften wie eine Fotoaufnahme im Filmnegativ. Ich weiß es noch wie heute, dass damals das schwere Glas in meiner Hand zittrig zu wackeln begann, als der flüchtig Davonpreschende noch einmal in sicherer Entfernung kurz verhoffte. Er hatte längst gefegt, es war also ein älterer Bock mit dickem, kurzem Träger, das hatte ich gut erkennen können, einer, der die Mühsal vieler Stunden und Tage lohnt, den man einfach erbeuten und dessen Trophäe man einfach an der Gehörnwand haben möchte. Es hatte bei diesem Zusammentreffen dieses Stückchen Zeit genügt, um das eindrucksvolle Bild in mir aufzunehmen, das Bild von einem Bock, dessen Statur und starkes

Gehörn sich vom Hintergrund des Feldes in den letzten Strahlen der untergehenden Abendsonne so prächtig abgehoben hatte. Es gibt Augenblicke, wo der erste Anblick eines Stückes Wild einen mit solcher Intensität fesselt, dass alle anderen jagdlichen Pläne von einem abfallen. Man sucht dann nur dieses Besondere, Heimliche, schwer zu Erjagende, das ganz Starke. So war es jetzt auch bei mir. Nur diesen Bock wollte ich haben, alle anderen interessierten mich nicht mehr. Ich hatte mich – wie von einer magischen Kraft angezogen – gleichsam nur dieser Trophäe verschrieben.

Dann begannen die Fragen: Würde er hier seinen gastlichen Einstand nehmen, hier im stillen angrenzenden »Witten Sand«, in diesem guten Biotop? Der stand ihm bei seiner Erscheinung wohl zu. Wenn der Bock der meine werden sollte, musste ich ein Augenmerk auf ihn haben, besonders, wo er endgültig verbleiben würde. Solche außergewöhnlichen Böcke sind häufig schwer zu erbeuten. Mit »System«, das beim standorttreuen Rehwild ansonsten in der Regel zum Erfolg führt, ist solchen Geheimräten meistens nicht beizukommen, und – was noch erschwerender ist – mit fortschreitender Jahreszeit werden die alten Böcke immer heimlicher. Die Erbeutung muss am besten sofort zu Beginn der Jagd erfolgen. Im Juni, Juli sind die Rehe nicht mehr so mit der Äsungssuche beschäftigt. Der Hunger des Nachwinters und Haarwechsels ist längst gestillt, alle Futterspeicher sind bis oben hin gefüllt. Manchmal gelingt es dann noch in der Blattzeit, dass man sie wieder sieht, wenn sie aus ihrem geruhsamen, schattenschläfrigen Dasein wieder auftauchen. Man muss also rechtzeitig aufpassen, wo sie sich einstellen, will man nicht manchen Schneidergang machen oder ganz das Nachsehen haben. So zufällig, wie man ihnen am Anfang begegnete, so zufällig ist dann meistens auch ihre Erlegung.

Der Mai und Juni waren vergangen. Frühmorgens und abends, bei Sonnenschein und Regen war ich draußen gewesen, ich hatte den Bock nur ein einziges Mal wieder gesehen und setzte nun alle

Hoffnung auf die Blattzeit. So war ich beim ersten Dämmerlicht an einem Morgen Ende Juli wieder an Ort und Stelle, weitab in der Feldmark im »Witten Sand«. Auf einer der Wiesen, die nach dem zweiten Schnitt schon wieder in üppigem Wuchs waren, sehe ich zwei Rehe stehen. Schnell geht das Glas an die Augen, und dann erkenne ich: »Da ist ja der Gesuchte!« Das markante Gehörn weist ihn sofort aus, auch die mächtige Figur mit dem kurzen, gedrungenen Hals. Unschlüssig stehen Bock und Ricke nahe am Graben unweit der Wieseneinzäunung. Dann beginnt der Bock zu treiben. Doch die sich Zierende schlüpft schnell unter dem Draht durch und verharrt jenseits ein paar Meter weiter im angrenzenden kniehohen Getreidefeld. Der galante Bock mit seinem prahlenden Gehörn kann ihr nicht folgen, kommt einfach durch die Umzäunung unten nicht durch. Er versucht es, verheddert sich fast und prallt zurück. Erregt und zunehmend nervöser werdend, läuft er wie ein Stück Weidevieh am Drahtzaun entlang, immer das Objekt seiner Begierde im Auge. Dann beginnt er unweit eines Weidepfahles im Gras zu fegen und plätzt in seinem Zorn so heftig, dass die von harter Schale weggesichelten Gräser ihm hoch über dem krumm gespannten Rücken fliegen. Und dann – mit einem Satz überspringt er plötzlich in hohem Bogen, fast aus dem Stand, den etwa einen Meter hohen Weidezaun und treibt die Ricke erneut. Wieder wendet diese sich ab, ist unten durch und auf der anderen Seite. Der Bock überspringt das lästige Hindernis, und ab geht jetzt die wilde Jagd in ungeheurem Tempo über die Wiese – direkt auf mich zu.

Längst bin ich zur Wieseneinfahrt gekrochen, habe auf dem breiten, eichenen Pfahl den Drilling sicher und schussbereit aufgelegt. Nach einem jähen Pfiff verhoffen Bock und Ricke. Leicht berührt der Druckfinger den gestochenen Abzug, und im Knall sinkt der Bock ins Gras. Die Ricke steht zunächst etwas unschlüssig, springt dann aber in hohen Fluchten ins angrenzende Gerstenfeld ab. Der Bock verspricht, was ich erwartet hatte. Vor mir

K.P. Reif

liegt ein wirklich kapitaler älterer Bock. Ein seltenes, sehr massiges, imposantes Gehörn! Der Bock gehört mit zu den besten, die ich erlegen durfte.

Und schließlich möchte ich aus dem immergrünen Kranz der »Rehbock-Erlebnisse« von einem Bock berichten mit einem pechschwarzen Gehörn, dessen Erbeutung mir ebenso viel Mühe gekostet hat. Man kennt es ja: »Die Kirschen in Nachbars Garten …« Grenzböcke – eigentlich sollte es nicht so sein – üben bisweilen dann doch eine ungeheure Faszination aus. Trotz guter nachbarschaftlicher Beziehungen erfasst einen die Jagdpassion immer wieder und in besonderer Weise, wenn es eben kein gewöhnlicher Bock ist, und nicht selten artet dann die Jagd auf diese Trophäe in eine Art Olympiade aus, wer denn schließlich der glückliche Erleger ist.

So zog nun schon mehrere Jahre dieser wahrlich gewitzte, alte Recke seine heimliche Fährte im Grenzgebiet zum Staatsforst. Es war um ihn wirklich etwas Besonderes, das nur den ganz heimlichen Böcken eigen ist, und es war ihm verteufelt schwer beizukommen. Fast nie bekam man ihn in Anblick, und wenn, dann nur beim letzten Büchsenlicht. Kein Lärm beim Abspringen, kein Knacken von Zweigen, nur nach geraumer Zeit und in sicherer Entfernung hörte man aus Adlerfarn und dichtem Buschwerk das plötzliche, tiefhalsige, hämische »Böh!«, »Böh!, kurz und rau, strafend und spottend zugleich. Geisterhaft! Ein Waldgespenst! In Anblick hatten ihn viele einmal gehabt, erlegt aber noch keiner. Als gute Chance galt auch hier die Blattzeit, wenn die Böcke vom Überschuss der Hormone trunken und leichtsinnig werden, wenn die Hundstage ihr Blut zum Sieden und ein erstes sehnsuchtsvollzartes Fiepen sie blindlings zum Zustehen bringt. Und so wurde nicht viel geredet, man handelte, alle saßen an, und das fleißig! Alle waren besessen von dem Besitzstreben nach dieser seltenen Trophäe – ungeachtet aller Strapazen und zeitlosen Geduldsübungen – zu Hause an der Wand! Und in Gedanken sah man schon die staunenden Blicke der Jagdfreunde und ihr drängendes Fragen: »Mensch, wo hast du den denn geschossen?«

So pirsche ich an einem Samstagmorgen wieder einmal in aller Frühe den Grenzweg entlang, da entdecke ich plötzlich im ersten Licht schemenhaft auf dem schmalen, ausgeworfenen Sandwall des im Frühjahr geräumten, wohl zwei Meter breiten Grenzgrabens etwas Rotes. Und als ich mit dem Glas näher hinschaue, verschlägt es mir fast die Sprache. Da läuft doch tatsächlich der von allen gesuchte Sechserbock mit den starken schwarzfarbigen Stangen. In leichtem Troll, immer aber überaus vorsichtig und hoch erhobenen Hauptes kommt er mir im Stechschritt hart an der Grenze – jedoch auf unserer Revierseite – immer näher. Wie eine Silhouette hebt er sich im dämmernden Morgen auf dem Sandwall von dem leuchtenden Gelb des Weizenfeldes ab. Nun nicht lange gezögert! Langsam tastet der Zielstachel nach dem Blatt, jetzt fasst er das Leben. Entsichert, gestochen und – Schuss! Im Knall fällt der Bock mit dem rasanten Geschoss der 6,5 × 57 zur Seite hin weg – genau unten in den trockenen Grenzgraben. Der Bock liegt, ja, er liegt aber im Graben – exakt auf der Grenze!

Kaum ist der Schuss verhallt und die friedliche Morgenstille wieder eingekehrt, erschrecke ich mich nicht schlecht über das laut schallende »Waidmannsheil« hinter mir. Damit habe ich nun nicht gerechnet, so plötzlich in dieser Morgenfrühe und unversehens. Meine Blicke und meine Aufmerksamkeit waren nur linker Hand auf den Bock gerichtet gewesen. Jagdfreund Günter hatte hinter einer Birke ebenfalls auf den lang Gesuchten gepasst, hatte ihn auch gesehen und gewartet, dass er zu ihm ins Revier über den Grenzweg wechseln sollte. Gern hätte auch er ihn erbeutet. Aber jetzt war Fakt: Der Bock lag und war mein!

Als gebürtiger Rheinländer nahm Günter es gelassen, und nachdem wir beide den Bock aus dem tiefen Graben gehoben hatten, brach Günter einen Buchenzweig, überreichte mir den Bruch, klopfte mir zu dieser einmaligen Trophäe auf die Schulter und sagte aus ehrlichem Herzen und aufrichtiger Mitfreude: »Waidmannsheil! Mein Lieber! Nur eener kann en kriejen. Et kütt wie et kütt! Wat weelste maache?«

Abends haben wir auf den Grenzbock noch »gut eene gedrunken«. Bei Hubertus! Die Jagd ist schön, besonders bei solch echter Jagdfreundschaft!

Schön ist die Jagd allerdings nicht, wenn man, was auch passieren kann, einen Bock beschossen hat und dieser nicht im Feuer liegt. So war mir in der Blattzeit aufs Fiepen hin ein Bock zugestanden und hatte auf etwa fünfzig Schritt tiefblatt die sichere Kugel erhalten. Er stürmte in rasender Flucht in der Wiese davon, übersprang den gut zwei Meter breiten, wegen des dort hoch aufgewachsenen Grases kaum einsehbaren Graben und war im angrenzenden großen Maisschlag untergetaucht und verschwunden. Gemach, gemach! Ich gehe zum Anschuss und inspiziere ihn genau.

Deutlich waren tief im Boden die Ausrisse der Schalen zu sehen sowie viel Schweiß, rote Spritzer, hellrot und blasig. Der Bock hatte gewiss die Kugel, aber auch ein Knochensplitter war zu finden. War ich tiefblatt doch etwas zu weit vorne abgekommen? War der Bock doch nicht so gut getroffen, weil er noch die Kraft gehabt hatte, den breiten Graben zu überspringen? Man kennt sie, diese bohrenden Fragen, diese nagenden Zweifel und Selbstvorwürfe, diese Augenblicke zwischen Bangen und Hoffen, bis man endlich dann doch vor dem erlegten Stück Wild steht.

Der Fluchtrichtung des Bockes in der Wiese folgend, fand sich immer wieder viel Schweiß, besonders deutlich zu sehen an den hohen Gräsern unmittelbar auch vor dem Graben, den der Bock noch vor dem Eintauchen ins Labyrinth des großen Maisfeldes übersprungen hatte. Aber bei so viel Schweiß, der fast wie ein rotes Band in der Fluchtfährte mitlief, müsste der Bock doch liegen. Nach wenigen Metern und im nächsten Moment würde ich ihn gewiss jenseits des Grabens mausetot im Maisfeld finden. Mein Hoffnungsbarometer stieg.

Jetzt stand ich vor dem breiten Graben und musste einen Umweg machen, um der Schweißfährte auf der anderen Seite weiter folgen zu können. Schließlich sah ich an Ort und Stelle direkt hinter dem Grabenübersprung im hohen Randgras und an den hohen Maisstängeln und -blättern der an den Graben grenzenden Randreihe wieder den breitflächig abgestreiften Schweiß. Also hier war weiterzusuchen, was sich jedoch im dichten Maisfeld als sehr schwierig erwies. Ich suchte darin hin und her, ging in die Hocke, schaute durch die Maisreihen, doch es war wie verhext, der Bock war und war nicht zu finden. Er war einfach verschwunden. »Das gibt's doch nicht bei so viel vorher gefundenem Schweiß!«

Also, Nachsuche mit dem Hund, die für diesen nicht ganz einfach war, weil ich ja selbst dummerweise schon im Maisfeld hin und her gesucht und die Wundfährte vertreten hatte. Angesetzt am Grabenübergang, wollte es mit dem sonst erfahrenen Hund eines Jagdfreundes ganz und gar nicht klappen. Immer wieder buchstabierte dieser auf Schweiß eingearbeitete Hund am Grabenrand herum, faselte hin und her, zeigte keinen Eifer und nahm auch keine Fährte auf.

Der langen Rede kurzer Sinn: Wir fanden den Bock nicht.

Was nun? Heiliger Hubertus, hilf! Alles ist in Ruhe noch einmal zu überdenken! Es bleibt dann, noch einmal ganz sachlich und ruhig, das so leidliche Glasperlenspiel möglicher Vermutungen und Hypothesen! Wir gehen zurück zum Ausgangspunkt, zum Anschuss. Erneut der Fährte in der Wiese folgend und genau die Stelle inspizierend, wo der Bock den Graben übersprungen hat, kommt dem Hundeführer nun der Gedanke, dass dieser den Sprung mit allerletzter Kraft zwar noch geschafft haben könnte, dann aber in seiner Todesflucht oben am gegenüberliegenden Ufer zurückgeschlagen sei und vielleicht im tiefen Moorwassergraben liege. Mit Stöcken und aufgekrempelten Ärmeln den Graben an dieser Stelle abtastend und darin herumstochernd, fühlen wir – so unglaublich es klingt – endlich, endlich, endlich nach fast zwei Stunden Nachsuche den lang, lang Gesuchten und ziehen ihn als Moorgespenst heraus!

Ungeheure Erleichterung, ein tiefes Aufatmen nach all den durchlebten Mühen, den aufgekommenen Hoffnungen und dann doch wieder herben Enttäuschungen: Befreiung, Freude, Jubel und Erleichterung, Verwunderung und Ärger, Dankbarkeit – ein Wirrwarr der Gefühle!

Wer konnte solches auch erahnen? »O mei, o mein Gott!« – darauf hätte man auch früher kommen können!

Etwas Gutes hatte die Sache dann aber doch. Dieser Bock wird mir immer unvergessen bleiben. Auf der Rückseite des Gehörnbrettchens steht, ja was wohl? »Gebangt, gehofft, gesucht, gefunden! Abgetauchter Moorgrabenbock 2009«.

Manchmal ist auch auf der Jagd kriminalistischer Spürsinn vonnöten: »Kombiniere! Sherlock Holmes lässt grüßen!« Was sagte Newton einmal, einer der großen Gelehrten, Begründer der Gravitationsgesetze, er sei gar nicht besonders gescheit, sondern habe nur die Gabe, geduldig nachzudenken.

Die kleinen grauen Flitzer – das waren Zeiten!

»Wer das Kaninchen nicht ehrt, ist des Hasen nicht wert!«, könnte man in Abwandlung der pekuniären Spruchweisheit sagen. Der Hase, das war ehemals das Markstück. Aber das Kaninchen, nun, das gab es zu Hunderten wie die Pfennige. Und seine sagenhafte Fruchtbarkeit ist ja zur Genüge bekannt.

»Habe ich auch genügend Patronen dabei?«, ging es einem durch den Kopf, wenn man zur Jagd in Kaninchenreviere eingeladen war. Das waren gesegnete Zeiten, als auf den Treibjagden vor nunmehr gut und gerne zwanzig bis dreißig Jahren, wie ich es noch miterleben konnte, an einem Tag gegen sechzig bis achtzig Kaninchen abends auf der Strecke lagen. Kaninchen beleben die Jagd und bieten viele jagdliche Freuden. Bei der Bejagung haben die Laputze immer so richtig Dampf unter den Sohlen und den richtigen Schnick, dass es Spaß macht, sie zu erbeuten. Hei! Wie schnell überfallen sie im flinklebendigen Treiben den schmalen Fahrweg, und wie rasch streben sie auf offener, einmal nicht durch Kraut und Gras gedeckter Fläche wieder der schützenden Dickung zu! Diese schnellen Flitzer dann zu treffen will gekonnt sein. Man muss fix anschlagen, und heraus muss der Schuss sein. Erblickt man den Laputz als grauen Wischer links am Schneisenrand, muss man schon rechts hinhalten, denn in Sekundenschnelle ist er über die Schneise. Ob man getroffen hat, stellt sich erst später heraus. Nicht immer sieht man die hochflüchtigen Kaninchen nach dem flinken Schnappschuss noch auf der Schneise Rad schlagen, und häufig findet man sie dann auf den ersten Metern im Randgebüsch. Noch dreimal salto vorwärts müssen sie kullern, das ist gekonntes Schießen und Waidmannsfreude!

Sehr viele Kaninchen gab es seinerzeit in den vielen ausgedehnten Heide- und Wacholderflächen des Emslandes sowie Neukulturen, wenn diese großflächig mit Kiefern aufgeforstet waren. Die sandigen Böden und Sandrücken sind ein Eldorado für Kaninchen, und die Nager schienen hier einen ewigen Jungborn zu haben, ja, sie wurden manchmal zur Plage. Felder, die direkt an diesen Schonungen lagen, in denen es von Kaninchen nur so wimmelte, mussten mittels Maschendraht vor dem Verbiss geschützt werden; das war ein kostspieliges Unterfangen. Im Herbst waren die Rübenfelder im Randbereich nicht selten von den Hundertschaften der grauen Flitzer auf den ersten fünf bis zehn Metern »ratzeputz« kahl gefressen. Und auch die vielen kröpeligen Kiefern, von den Kaninchen verbissen, zeugten vom Karnickelreichtum. Der Ansitz war dann ein notwendiges und ehrenwertes Betätigungsfeld gerade für Jungjäger. Auch ich habe mehrfach mein fünfschüssiges Magazin, gefüllt mit der kleinen, rasanten Magnum-Patrone, vom erhöhten Ansitz aus in einem Zuge leer geschossen und hatte dann vier, bisweilen fünf Kaninchen auf der Strecke. Mit dem vierfachen Glas waren sie nicht schwer zu treffen. Wichtig war hierbei, zunächst die am weitesten entfernt und nahe an der Dickung sitzenden ins Visier zu nehmen; die anderen hoppelten nach den Schüssen aufgeschreckt nur ein paar Meter weiter. Sie ahnten nicht, woher die Gefahr drohte und blieben so noch längere Zeit im möglichen Schussbereich.

In den ersten Nachkriegsjahren – so habe ich mir sagen lassen – wurden die tagsüber auf den Treibjagden erlegten Kaninchen abends nach der Jagd sogleich vor allem an Leute aus der Stadt verkauft, waren sehr begehrt und galten als billiges und schmackhaftes Essen; für Kenner waren sie eine Delikatesse. Die abendlichen Verkaufsstellen waren festgelegt, und auch die Jagdtermine müssen sich wohl schnell herumgesprochen haben; es waren wahrscheinlich festgelegte Wochentage. Die Rucksäcke der Jäger allein konnten die Vielzahl der Kaninchen nicht fassen, sodass sie teils einfach in Jutesäcken zu den Verkaufsstellen transportiert wurden. Bei dieser Jagd, die häufig nur den Kaninchen galt, benutzte man eigens dafür hergerichtete Gewehre: die Läufe eng schießender Flinten hatte man vorne an den Läufen einfach eine Handbreit absägen lassen, damit diese besser die Schrote streuten; Streupatronen kannte man noch nicht. Es muss abenteuerlich gewesen sein, wenn einzelne Jäger bäuchlings an bestimmten Stellen in den kaum mannshohen, aufwachsenden Schonungen gelegen haben, um so die Kaninchen zwischen den Reihen zu erbeuten.

Von diesem seit je bestehenden unglaublichen Kaninchenreichtum im Emsland berichtet auch der in Lingen (Ems) geborene und weit umhergekommene, allseits bekannte und bisweilen als der »zweite Hermann Löns« bezeichnete Förster Otto Koke in seinem Buch »Das Jahr des Jägers« (1956). Er schreibt: »Die meisten Kaninchen, die ich je in meinem Leben sah, gab es in bestimmten Gebieten des Gutes Klausheide bei Lingen-Ems. Ich glaube, dass die Hauptvorkommen an der Straße von Lingen nach Nordhorn lagen. Hier habe ich als Schüler gern verweilt und dem Treiben zugesehen, das schon weit vor Sonnenaufgang begann. Ich glaube nicht zu übertreiben, wenn ich sage, dass Hunderte von Kaninchen dort am Rande der Schonung hockten, hoppelten oder Kegel machten. Die Gutsverwaltung ließ sich den Spaß etwas kosten, denn ich kann mich nicht entsinnen, dass zu meiner Schülerzeit das Gelände jemals anders ausgesehen hätte, als ein typisches Kaninchengelände eben aussieht! Hier und da ein paar armselige Kiefern, die den Zähnen der Laputze entronnen waren, ein paar kleine Blätter Zwergsauerampfer und Losung über Losung, dazwischen helle Sandspritzer … Ob heute dieser Kaninchensegen noch so groß ist, weiß ich nicht. Die Mitschüler auf dem Gymnasium Georgianum in Lingen, deren Väter Förster oder Jäger waren, wussten von unglaublichen Strecken zu berichten, die in wenigen Treibjagden dort erzielt wurden. Die Tausende von Kaninchen großen Bestände wurden im Winter in wenigen

Tagen auf Hunderte zusammengeschossen und vermehrten sich dann wieder bis zur nächsten Jagdsaison ins Unermessliche.«

Bejagt wurden die Kaninchen allerorten im Winter auch mit dem Frettchen, vor allem im Dezember und beginnenden Januar. Vorher ist die Jahreszeit noch zu warm, und die Kaninchen sind viel draußen. Mitte Januar setzt häufig die Rammelzeit schon ein, sofern die Witterung etwas milder wird. Richtig ausgeübt, ist die Jagdart des Frettierens eine sehr kurzweilige und spannende, die mich immer begeistert hat und an der ich auch heute bei dem sich von den Seuchen Myxomatose und RHD wieder erholenden Kaninchenbesatz mit der gleichen Freude teilnehme. Wenn Raureif über Feld und Flur liegt, die Tage windstill sind, und alle Äste und Zweige der Bäume, alle Büsche und Sträucher in den Strahlen der aufgehenden Morgensonne glitzern, das wintergelbe Bentgras mit den Ährenrispen von den Frostkristallen hell aufleuchtet und unter dem Schuh knistert, dann sind ideale Voraussetzungen für eine solche Jagd gegeben. Dabei habe ich Mölln Wilhelm in guter Erinnerung, der frühmorgens immer als Erster am Sammelplatz war, wenn wir frettieren wollten. Diese Jagden wurden nicht lange im Voraus geplant, sondern kurzfristig je nach Witterung anberaumt. Vermummt in seiner dicken Lodenjacke, vor sich zwei kleine Kisten mit den Frettchen, die er wie seinen Augapfel hütete, und natürlich immer seine Kurzhaarhündin Kira dabei, die exakt anzeigte, ob ein Bau befahren war, so sehe ich ihn auch heute noch vor mir. Sehr erfolgversprechend waren die vielen Stubbenhaufen von den damals vielerorts vorgenommenen Neukultivierungen und die überall noch reichlich vorhandenen Wallhecken, die von Kaninchenbauen nur so übersät waren. Bei Schnee konnte man beim Näherkommen schon deutlich erkennen, wie gut die Einfahrten belaufen waren und wo in der Nacht reges Treiben geherrscht hatte. Es waren bisweilen richtige »Karnickel-Autobahnen« auszumachen, sodass unsere Erwartungen nur noch stiegen. Wenn Mölln Wilhelm dann ein iltisfarbenes

Frettchen aus der Kiste holte, das wie erstarrt alle viere von sich streckte, ihm Nasenring und Glöckchen anlegte, dauerte es nicht mehr lange, und die spannende Jagd begann. Eiligst tippelte der kleine Jagdgehilfe in die dunkle Röhre. Eine halbe Minute absolute Stille – ein Poltern, und schon kam nach kurzer Zeit der erste graue Flitzer – aber »heidi!« – wie von der Sehne geschnellt aus dem Bau. Schuss und Treffer! Da hinten, eine andere Röhre, mit Laub verdeckt und kaum sichtbar, aus ihr flitzt noch eines heraus. Es kann entkommen. Dann wieder Stille. Kurz erschallt das Glöckchen am Ausgang des Baues, dann verschwindet das Frettchen mit dem Klingelglöckchen wieder im Dunkel der Röhre. Wie ein Senkrechtstarter windet sich unversehens noch ein Laputz vor unseren Füßen heraus und wähnt sich hangabwärts schon fast in Sicherheit. »Schnell draufhalten, mitschwingen und treffen!« – »Waidmannsheil!«

So ging es von Bau zu Bau. Manchmal waren mehrere Frettiergruppen unterwegs, und mittags wurde erste Bilanz gezogen. Gegen zwei Uhr – am halben Vormittag begann die Jagd und am halben Nachmittag hörte sie auf – beendete man das Frettieren, damit bei Hellem noch genügend Zeit blieb, gegebenenfalls auf ein Frettchen, das im Bau verblieben war, zu warten. Die Kunde: »Use Frettken sitt' fast!« (»Unser Frettchen sitzt im Bau fest!«) hörte man gar nicht gern. Dann musste man wohl oder übel am Bau bleiben und sich etwas einfallen lassen, um dieses wieder herauszulocken: etwa mit der flachen Hand an den verschiedenen Bauausgängen klopfen, ein geschossenes Kaninchen möglichst tief in eine Ausfahrt hineinreichen, das Kaninchenangstgeschrei imitieren, Mäuseln oder was einem sonst noch so einfiel. Saß das Kaninchen in einer Endröhre fest und war das Frettchen direkt dahinter oder hatte man gar ein zweites Frettchen in den Bau geschickt – was man immer vermeiden sollte, aber als Ultima Ratio dann doch bisweilen geschah – konnte das dauern, und bisweilen mussten wir graben. Es ist erstaunlich, wie apathisch die

Kaninchen als sonst so windige und schnelle Flitzer in der Endröhre dasitzen können, wenn sie vom Frettchen attackiert werden. Manchmal haben wir, wenn ein Frettchen festsaß, auch die Röhren verstopft und es am folgenden Tag wieder herausgelockt, was dann immer gelang.

Wenn beim Frettieren alles gut klappte und man nicht zu lange auf einem Fleck still ausharren musste, das heißt es nach jeweils kurzem Intermezzo zügig weiterging, spürte man beim Stillestehen die winterliche Kälte nicht so sehr, vor allem nicht den oft recht scharfen, frostigen Wind, der einem mit der Zeit zusetzte. Einmal habe ich miterlebt, wie ein Frettchen, das keinen Maulkorb trug, sich in dem frostklammen Mittelfinger des Frettchenführers Paul Buers fest verbissen hatte. Es in erster Reaktion wegzureißen, wäre fatal gewesen. Der arme Paul musste längere Zeit ausharren und die Schmerzen ertragen, bis wir langsam und vorsichtig das verkrampfte und in Starre befindliche Gebiss des Frettchens, vor allem die tief in den Finger eingebohrten Reißzähne, mittels schnell geschnittener kleiner, harter Stöckchen lösen konnten.

Aber auch sonst habe ich beim Frettieren kuriose Dinge erlebt. Stand man als Schütze zum Beispiel im schon höher aufgewachsenen und ausgeasteten Fichten- oder Lerchenbestand und wartete gespannt auf die aus dem Bau flüchtenden Kaninchen, passierte es bisweilen, dass diese nach zwanzig, dreißig Metern wieder den nächsten Bau annahmen, und nicht selten gerade die Röhre, vor der man still verharrte. So ist es auch mir ein paar Mal passiert. Die Kaninchen flitzten in windender Fahrt genau auf mich zu, kamen rasend schnell näher, ich hatte die Flinte in Anschlag, konnte aber wegen der zu nahen Entfernung bald nicht mehr schießen, und »schwupp!« waren sie direkt vor meinen Füßen, kaum einen Meter entfernt, im rettenden Bau verschwunden und erst einmal in Sicherheit. Es war dann meistens schwer, sie erneut zum Springen zu bringen.

K.P. Reif

Einmal passierte es auf einer Frettierjagd, dass aus einer mit dünnen Baumstämmen und Gestrüpp abgedeckten und mit Bentgrad überwucherten Kaninchenröhre nicht ein Laputz wie der Blitz herausfuhr, sondern ein Etwas in schaukelndem, unkontrolliertem Flug herausflatterte. Geistesgegenwärtig wandten wir uns ruckartig zur Seite und standen völlig verdutzt und mehr als konsterniert da. Wir alle schauten wie gebannt dem aus seinem Schlupfloch vertriebenen Vogel nach, einer Eule, wohl einer Waldohreule. Das verwunderte. Mit diesem »fliegenden Kaninchen« konnte ja wohl niemand rechnen. Aber wie heißt es doch so treffend: »Die Jagd ist alle Tage neu!«.

Eine große Erleichterung und insbesondere Zeitersparnis beim Frettieren war es, wenn wir einen Hund dabeihatten, der anzeigte, ob der Bau befahren war. Dann habe ich das wunderbare Zusammenwirken von Jäger und Hund beobachten können. Der Hund war gleichsam Mitjäger, und der Hundeführer sprach dann auch nicht selten laut mit seinem vierläufigen Gesellen. »Na, schau doch mal nach, ob hier heute jemand zu Hause ist! Ja?, Nein? Oder bist du dir noch nicht sicher?« Wenn der Hund dann partout nicht von der Röhre wegzubringen war und mit hängenden Ohren und erwartungsvoll starrem Blick hineinschaute, dann steckte dort mit Sicherheit etwas.

Man kennt es sonst von der Fuchsjagd her, dass Bauhunde als kleine, mutige Helfer anzeigen, ob der Bau befahren ist, je nach dem, ob sie einschliefen wollen oder nicht. Einmal hatten wir beim Frettieren einen Dackel dabei, der als untrügliches Zeichen das Bein hob und nässte, wenn der Bau nicht befahren war. Nach fortgeschrittener Zeit und der Inspektion mehrerer Baue hob er schließlich nur noch das Bein, und dabei blieb es – mangels Masse!

Bei Wilhelm Mölln und seiner Kurzhaarhündin Kira habe ich einmal gesehen, wie diese, die nahe an einer Bauröhre bei ihm abgelegt war und voller Spannung und Konzentration ihren Blick auf die vor ihr liegende Röhre gerichtet hatte, ein blindlings herausspringendes Karnickel sofort zu packen bekam. Dieses war dem Hund gleichsam in den Fang gesprungen und musste von uns nicht mehr mit dem Gewehr, sondern nur mit einem Nackenschlag erlegt werden. Das war dann die stille Jagd ohne Flintenknall und Patronenverbrauch, ähnlich wie die lautlose Jagd auf diese Wildart, die zur Zeit des letzten Krieges und auch danach noch eifrig von Wilderern betrieben wurde, allerdings dann mit Netzen vor den Ausfahrten der Baue. Das geschah schon nach dem Ersten Weltkrieg bis in die fünfziger Jahre vornehmlich für die heimische Küche, aber auch, um durch Verkauf den ein oder anderen Taler in die Geldbörse zu bekommen.

Im Nachbarort Listrup hatte diese Jagdwilderei mit dem Frettchen in den ersten Jahren nach dem letzten Weltkrieg solche Ausmaße angenommen, dass der auswärtige Jagdpächter sich nicht anders zu helfen wusste, als Anzeige zu erstatten. Ein Beamter vom Landeskriminalamt Hannover, getarnt als »Landmesser«, quartierte sich deshalb in einer Gaststätte ein und verstand es geschickt, seine Gesprächspartner bei Schnaps und Bier an der Theke auszuhorchen. Als er glaubte, genug zu wissen, informierte er seine Dienststelle in Hannover. Diese setzte nun an einem Samstagmorgen etwa fünfundzwanzig »Oberlandjäger« und einige weitere Kriminalbeamte zur Razzia ein. Frühmorgens wurden die Verdächtigen aus ihren Häusern geholt und zum Verhör in das Gefängnis nach Lingen gebracht. Von einer Familie wurden der Vater, zwei Söhne und eine Tochter verhaftet und sogar die 63 Jahre alte Mutter festgenommen, als sie gerade beim Pfannkuchenbacken am Herd stand, wie aus den Akten zu entnehmen ist. Ihr wurde vorgeworfen, die gewilderten Kaninchen und Hasen gebraten zu haben. Nach dem Verhör wurde die zuletzt Genannte jedoch wieder freigelassen.

Es wurden insgesamt dreiundvierzig Männer und Frauen festgenommen, von denen die meisten freigesprochen wurden, einige allerdings eine mehrwöchige Haftstrafe absitzen mussten. Wer diese Meldungen seinerzeit in den Lokal-, Tages-, ja selbst Auslandszeitungen verfolgt hat, muss sich unwillkürlich gesagt haben, hier sei gerade auf Kaninchen fabelhaft gewildert worden, und es könne dort wohl kein Stück Wild mehr geben. Aber die Sache sieht in diesem Fall etwas anders aus, und jeder mag sich ein Bild machen, wenn er anhand der folgenden Zahlen aus den damaligen Zeitungsberichten ersieht, was in besagtem Ort und den angrenzenden Jagden noch geschossen wurde: »In Listrup, wo die Wilddiebereien am größten gewesen sein sollen, sind zu besagter Zeit an zwei Tagen 104 Kaninchen geschossen und auch fast so viele Hasen, und dabei wurde höchstens die Hälfte der Jagd bejagt. Sachverständige behaupten, ein doppeltes Quantum hätte noch ruhig geschossen werden können, dann seien noch genügend da. In Leschede wurden in der letzten Jagdperiode etwa 150 Hasen und über 200 Kaninchen geschossen, in Bernte ebenfalls dieselben Resultate. Es mag noch besonders erwähnt werden, dass am letzten Samstag in Bernte allein 79 Hasen und 68 Kaninchen zur Strecke kamen. Die übrigen Gemeinden wie Ahlde, Mehringen und Berge zeigen ähnliche Resultate. Wir wollen an dieser Stelle nicht von Wildreichtum reden, aber jeder möge sich selbst ein Bild machen, was so ungefähr in hiesiger Gegend in den beteiligten Bezirken und in den angrenzenden Jagden geschossen wurde.

Tire haut – Die Rebhühner

»Der September ist der Mai des Herbstes!« Der erste September war immer ein markantes Datum, war doch an diesem Tag die Hühnerjagd auf. Wenn die Getreidefelder abgeerntet, die Rüben- und Kartoffelschläge hingegen noch in vollem Wuchs standen, Altweibersommer in der Luft lag und man den beginnenden Herbst allerorten spürte, dann saß man nach getaner Arbeit abends gerne in der von wildem Wein umrankten Laube zusammen und erfreute sich an der friedlichen Abendstille. Man sah dem geschäftigen Treiben der Tauben zu, deren Bestand stark zugenommen hatte, und beobachtete in den Wiesen den ein oder anderen daherhoppelnden Hasen. Verschiedentlich konnte man auch sehen, wie ein Schoof Enten auf dem nahen, abgeernteten Getreidefeld einfiel. Gar nicht weit entfernt hörte man aber vor allem das laut zu vernehmende, oftmalige »Keritt«, »Keritt« der sich sammelnden Rebhühner. Dann wurden Vorfreuden auf den beginnenden Herbst wach, auf die anstehende Jagdzeit, die mit den Hühnerjagden begann. Welche Fülle jagdlicher Möglichkeiten bietet doch der Herbst dem passionierten Jäger in einem Niederwildrevier!

Häufig ergab es sich, wenn die Erwachsenen abends in der Laube zusammensaßen, dass dann Heinrich Bertling, Jagdaufseher vom nahe gelegenen Gut Stovern, ein Jäger mit Leib und Seele, mit dem Fahrrad vorbeifuhr, das Gewehr geschultert. Sah er meinen Vater in der Laube sitzen, trat er sofort in die Bremse, um einen Klönschnack zu halten. Dann wurde bald nur noch über die Jagd geredet, und am Ende hatte man sich meistens auch auf einen Termin geeinigt, um nach den Hühnern zu sehen. Das hatte zwei Gründe. Einmal wollte Heinrich Bertling gerne den einen oder anderen seiner Kurzhaarhunde für die Herbstzuchtprüfung auf den herbstlichen Feldern firm machen – die Gutsjagd war fast nur eine Waldjagd –, zum anderen wollte mein Vater sehen, wie es im Einzelnen um den Fasanen- und Hasenbesatz bestellt war.

Diese Streifen und Suchen mit den gut ausgebildeten Vorstehhunden, die auf den leisesten Pfiff und Fingerzeig unter der Flinte suchten, waren immer jagdliche Leckerbissen. Es war ein herrliches Jagen, den Bravourleistungen der Hunde zuzusehen, wenn sie gegen den Wind in Pointermanier und flottem Tempo die Felder absuchten, sich plötzlich wie von Geisterhand geführt, herumwarfen und vorstanden, bis man die Hühnerkette anrührte und diese aufgeschreckt schirpend mit hellem »Kiereeh« und purrendem Schwingenschlag abstrich. Und es waren ohne Zweifel meistens sehr elegante Schüsse, die man auf Rebhühner abgab. Hatte man erst den Schrecken überwunden, den einen das plötzlich aufstehende Volk unwillkürlich einjagt, und ließ sich genügend Zeit, waren die Hühner eigentlich gut zu treffen.

Größere jagdliche Freude war es noch, wenn der Hund, voll jagdlicher Passion mit hoher Nase Wind holend, eine Kette Hühner oder ein Fasanengesperre zunächst etwas unsicher anzeigte, wieder anzog, nochmals in höchster Anspannung nachzog und dann, wenn das Wild im Laufen erstarrte und sich endgültig drückte, wie steinern und »bombenfest« vorstand. Gerade im September lässt sich auch bei den nicht ganz ausgeschilderten, noch recht vertrauten Fasanengesperren diese hervorragende Arbeit der Hunde bewundern. Wenn einem vorstehenden Hund ein weiterer sekundiert, ist das ein unvergessliches Bild. So zu jagen, das sind höchste Waidmannsfreuden, und diese haben sich bei mir als Jungen tief eingeprägt und das Bild bestätigt, dass zum Jägerleben auch der Hund gehört. »Jagen ohne Hund ist Schund!«, lehrt nicht ohne Grund der Ausbilder.

Strecken von gut zwanzig Hühnern am Nachmittag mit ein paar Schützen waren die Regel. Rebhühner kamen damals gehäuft und

K.P. Reif

in starken Ketten vor. Wenn von Gagern das Rebhuhn als »Proletarier der Wildbahn (»anspruchslos, häufig und nützlich«) bezeichnet, dann gilt Letzteres vor allem, weil es auf den großen Kartoffelschlägen die vielen Kartoffelkäfer dezimierte. Heute ist das Rebhuhn selten geworden und gilt eher als Edelstein im Revier. Glücklich darf sich schätzen, in dessen Jagdgebiet noch Hühner beheimatet sind beziehungsweise sich die Bestände dank intensiver Hege wieder ein wenig erholt haben. Lange Zeit hat man hin und her gerätselt, warum das Rebhuhn seit Anfang der siebziger Jahre immer spärlicher wurde und heute nur noch einen Bruchteil der Strecke früherer Jahre aufweist. Rebhühner (»Feldhühner«) sind in besonderer Weise Qualitäts- und Wertmesser des Lebensraumes Feld. Wenn man ihnen alle Unkräuter, alle Wildkräuter wegspritzt sowie auch die Schadinsekten in den Kulturpflanzen, dann entzieht man ihnen rigoros eine ganz wichtige Nahrungsgrundlage, mögen auch durchaus noch andere Faktoren zum Rückgang beitragen.

An diese vielen herbstlichen Hühnerjagden denke ich gerne zurück, wenn ich dabei als Jungspund auch immer die größten Strecken zurückzulegen hatte und den weitesten Bogen gehen musste, damit ich müde wurde. Für die anderen hieß es bald bei dem bisweilen beschwerlichen und schweißtreibenden Stapfen durch die großen Rüben- und Kartoffelschläge in der zumeist noch warmen Jahreszeit des Septembers: »Oh, is dat warm. Wi makt ne Pause und willt wat drinken!« Dann wurde über die große und kleine Politik geredet, über Viehpreise und, und …, und man kam und kam damit zu keinem Ende. Und wann immer die Rede darauf kam, man müsse mit der Zeit gehen, mehr Industrie ansiedeln, man sei im Emsland doch zwanzig, dreißig Jahre hinter, antwortete Heinrich Bertling am Ende nicht selten mit einem leisen Lächeln und einem Zug Verschmitztheit: »Dat mag wall wenn'n! Aber wenn de Welt unnergäht, dann läw wiie noch twientig, dättig Joahr länger äs de annern!« (»Das kann wohl sein.

Aber wenn die Welt untergeht, dann leben *wir* noch zwanzig, dreißig Jahre länger als die anderen!«).

Nichts hetzte bei diesen Hühnerjagden, und so saßen sie und erzählten und erzählten. Sie vergaßen fast das Jagen; nur ich konnte es im jugendlichen Eifer nicht abwarten, bis es endlich weiterging.

Einmal ergab es sich, dass auf einer dieser Hühnerjagden Bernhard, ein Onkel auf einem der Höfe, ein nicht so flinker Schütze und schon gar kein Hühnerjäger (»De ollen kleinen Höhnkes!«), auch ein einzeln wegstreichendes Randhuhn getroffen hatte. Er war nur so aus gutem Willen zur Jagd mitgegangen, besaß auch weder Jagdtasche noch Hühnergalgen und hatte das erlegte Rebhuhn einfach so »plumps« in die rechte Außentasche seiner Jagdjacke hineinrutschen lassen, wo er es wohl verwahrt mit sich trug. Als man ihn abends beim Streckelegen darauf aufmerksam machte: »Na, Bernhard, du häs doch auck een Höhnken schotten!« (»Na, Bernhard, du hast doch auch ein Hühnchen geschossen!«) – er hatte gar nicht mehr daran gedacht –, wollte er es aus seiner Jackentasche holen. Da flog es ihm so »schwupps!« aus der Hand davon. Es hatte wohl nur einen Krellschuss erhalten.

In der heimischen Küche wurden die kleinen Hühnchen weniger gerne angenommen, denn man war von der Vielzahl dieser »kleinen Dinger« nicht begeistert. Wer sollte sie alle rupfen? Auch ihre weitere Zubereitung kostete viel Zeit und Arbeit, und es war auf dem Lande immer ein großer Haushalt zu versorgen. So wurden sie in der Regel an den Wildhändler oder gute Bekannte als kulinarische Köstlichkeit verkauft. In Sahne gebratene Rebhühner mit Rotkraut und räucherspeckduftender Soße sind ein ganz besonderer Genuss.

Mit den Rebhuhnjagden verbinde ich neben dem Streifen über die großen, weitflächigen Felder auch die Kartoffelernte und die Kartoffelfeuer. Eine besondere herbstliche Atmosphäre herrschte, wenn man den weithin zu vernehmenden Rauch dieser Kartoffelfeuer in die Nase bekam. Große Kartoffelvollerntemaschinen wie heute kannte man noch nicht. Die Kartoffeln wurden von Hand gesammelt, gerade auch von Kindern und Jugendlichen, die damit ihr Taschengeld und das Geld für die Herbstkirmes aufbessern wollten. Gegen Abend wurde das welke Kartoffelkraut einfach in Haufen zusammengefahren und auf den Feldern verbrannt. Dann lag dieser herbe, gut zu vernehmende Kartoffelfeuergeruch in der Luft und waberte bei untergehender Sonne im dämmernden Altweibersommerabend über die Felder. Von ferne sah man einzelne Trupps der Kartoffelsammler nach getaner Arbeit am Feuer sitzen, wie sie sich die schmackhaften Folienkartoffeln zubereiteten.

Und auch wir als Jäger und Sammler waren nach des Tages Müh' und dem anstrengenden Tun stolz über unsere Ernte und Ausbeute an Rebhühnern, und so herrschte allerorten eine friedlich-geruhsame, anheimelnd-romantische Abendstimmung, wie man sie nicht vergisst. Es waren wunderschöne herbstliche Jagdtage im vertrauten Jägerkreis, die beglückend in der Erinnerung weiterleben.

Jagen im Moor

Zwischen Hunden und Treibern in langer Schützenkette durch das herbstliche emsländische Moor zu streifen war immer – und ist es auch heute noch in den Restgebieten – ein Erlebnis von besonderer Einmaligkeit und Stimmung. Gerade die Urtümlichkeit, Ruhe und Beschaulichkeit der weiten Moorflächen, dieser von Jahrtausenden gestalteten Landschaft sind immer wieder beeindruckend und faszinierend. Die Jagden in diesen bisweilen fast unzugänglichen Moorgebieten haben jedoch auch ihre besonderen Heimtücken und sind für Ungeübte recht anstrengend. Man muss weite Strecken zurücklegen und stets darauf achten, wohin man auf dem schwarz-braunen, nicht selten schwankenden Boden tritt, denn allzu unergründlich und trügerisch können die unscheinbaren, vom gelben Bentgras verdeckten kleinen Torfpümpen oder Gräben sein. Wer es einmal erlebt hat, dass er sich aus dem Sog der weichen, glitschigen und tiefen Moorlöcher mühsam hat befreien müssen, kann da nachfühlen. Verschiedentlich habe ich an solchen Moorjagden teilgenommen. An eine bei Dr. B. in Heede erinnere ich mich besonders gut.

Es ist ein nasskalter, trüber Novembermorgen, als wir uns auf den Weg zum Treffpunkt begeben. Dichter Nebel steigt aus den Wiesen auf und umschleiert ringsum die stille Landschaft. Die Luft ist trübe, noch mit grauen Wolken verhangen. Am sandigen Birkenweg, der uns zum Heidschuppen, dem Sammelplatz der Jagd, führen soll, schnellen die tropfenschweren Zweige, von ihrer drückenden Last befreit, urplötzlich in die Höhe. Wir vergraben die Hände in den Manteltaschen; der Kragen ist gegen den feinen Sprühregen hochgeschlagen. Mein Kurzhaarrüde »Arko« trottet nebenher, als wollte er sagen: »Heute kann's nichts werden!«

Wir beeilen uns, um rechtzeitig an Ort und Stelle zu sein. Am Ausgangspunkt der Jagd herrscht schon reges Treiben. Die Hunde treten winselnd hin und her, tauschen Neuigkeiten aus, ziehen und zerren angesichts des bevorstehenden Jagdbeginns ungeduldig an ihren Leinen. Nach den üblichen Begrüßungsworten und der Bekanntgabe der Regularien sind bald alle Dinge gesagt, und es wird zügig angefangen, denn heute soll ein weites Stück Moor bejagt werden.

Schon hat man zum ersten Treiben Aufstellung genommen. Der Beginn der Jagd ist, weil die Tage kurz sind, schon um zehn Uhr angesetzt. In der nebeligen Morgenfrühe auch dieses trüben Novembertages hat der Ablauf unseres jagdlichen Tuns desgleichen etwas Düsteres, gleichsam Beängstigendes. Eine Vielzahl von Treibern und Jägern ist erschienen: die einen mit derben Stöcken in ihren Händen, die anderen mit ihren Flinten auf den Schultern. Und jetzt beginnt das Treiben. Still und heimlich werden alle auf ihre Plätze gebracht: die Treiber mit einzelnen Durchgehschützen in einer Treiberkette aufgestellt und am anderen Ende die Vorstehschützen. Man bangt um die Chancen des Wildes. Mir fällt sogleich Hermann Löns' »Mümmelmann« ein, wo sehr eindrucksvoll ebenfalls von einem Jagdbeginn berichtet wird: »Sie zogen aus bis an die Zähne bewaffnet, an die dreitausend, an die dreihundert, an die dreißig, schrecklich anzusehen in ihrem Kriegsschmucke. Unten steckten sie in langen Stiefeln, oben in kühnen Hüten. Um ihre Unterleiber schlotterten oder strammten sich raue Jacken, deren Taschen reichlich mit Nikotinspargeln gespickt waren. An der Seite hing ein Ränzchen, strotzend von braunen, grünen, roten oder gelben Hülsen … und auf dem Rücken trugen sie Donnerrohre jeglichen Kalibers.«

Und jetzt bricht des Jagdhorns heller Klang in den stillen, frühen Morgen ein. Die Hunde werden geschnallt, und flott arbeiten sie in fieberhafter Suche unter der Flinte. Links fallen erste Schüsse, dann rechts. Und schon kommt Leben ins Treiben. Achtung! Hund steht vor! Langsam gehen wir als Durchgehschützen mit zwei Flinten heran. Vorsicht doch, der breite Graben! Ein Schuss links von mir – was war da? Schon flitzt etwas durchs Riedgras – ich kann es so schnell nicht ansprechen, laufe ein paar Meter nach und stehe noch sinnend, da springt erneut dieses Etwas direkt vor mir auf und huscht durch die Wollgrasbüschel. Deutlich sehe ich jetzt die weiße Blume, und im hingeworfenen Schuss macht der graue Flitzer in bestechender Weise mit Rolle vorwärts sein Kompliment.

Und weiter geht das Treiben. Nicht lange, und wir sind bereits ein Stück weit im Moor. Immer mehr lichtet sich der Taunebel der moorfeuchten Niederung, und auch der feine, neblig-trübe Nieselregen hat aufgehört. Dann reißt fast wie mit einem Male die Wolkendecke auf, die Sonne kommt durch, und der Himmel wird blank. Hoch erhebt sich jetzt immer deutlicher erkennbar der herbstliche Himmel über den Gräben und Gründen der braunen Moorlandschaft, und nun erst wird in Gänze die Weite der Moorfläche sichtbar, in der eingestreut Birkenansammlungen, Moos, verdorrte Heide und die großen gelben Bentgrasflächen liegen. Ein Graureiher streicht mit unmelodisch krächzendem Ruf an mir vorbei, klaftert schwerfällig in die Höhe und hebt sich bald als herrliche Kontur am Himmel ab. Rechter Hand steht aus einem schilfigen Teichgebiet ein Schoof Enten auf, streicht in raschem Voranziehen an der Schützenlinie entlang, steigt höher und höher, noch kann man einen Schuss wagen. Einer reißt die Flinte hoch, er holt die letzte herunter.

Bald ist die Senke erreicht. Links und rechts wird postiert, und es heißt jetzt warten, bis in einem weiten Bogen herübergetrieben wird. Plötzlich wird alles still. Ein letztes Geplauder an einer Buschgruppe, und die Kette der Treiber, deren Stimmen eben noch laut hörbar zu Scherz und Übermut neigten, entschwindet unseren Blicken.

Eigenartig, wenn man nach einem aufregenden Treiben plötzlich für eine Zeit warten muss. Vor mir klopft irgendwo in einer sturmzerschlagenen, gefallenen Randkiefer ein Specht, dessen dumpfes »Tock, tock« die Stille und das Warten nur noch vergrößert. Ein Flug Schwanzmeisen gaukelt vor mir durch die Zweige im Erlengestrüpp. Kopfüber und kopfunter hängen die kleinen Vögel wippend und pendelnd im Geäst. Linker Hand erblicke ich verschiedene kleine Birken mit ihren hellen Stämmchen und den im Licht leuchtenden gelb-goldfarbenen Blättern. Nicht weit davon entfernt stehen einige Ebereschen mit ihrem dunkel verfärbten Laub, aber den weithin korallenrot aufscheinenden Beeren. Es ist ein kontrastreiches und herbstlich farbenprächtiges Bild, das sich hier abzeichnet. Wie wunderbar erscheinen jetzt auch im erstrahlenden Sonnenlicht in dem niedrigen Strauchwerk und den hoch aufgereckten Gräsern einige Spinngewebe, an deren Rand sich einzelne Tautropfen glitzernd und funkelnd als unübersehbare Kleinode abheben. Still und voller Geheimnisse liegt die Moorlandschaft da. Gerade in der Weite des Moores empfindet man die sonst so ungewohnt anhaltende Stille.

Jetzt wird wieder angeblasen. Und dann ist in der Ferne auch alsbald Hundelaut zu hören, und es fallen die ersten Schüsse. Von weither vernimmt man die Treiberwehr, die bisweilen verstummt, bis dann erneut einer beginnt und alle mit »Haas«, »Haas« und »Hopp«, »Hopp« nachziehen. Und als Vorstehschütze wartet man. Treiberlärm und Hundelaut, Schüsse und fluchtpolterndes Wild gehören zur Treibjagd dazu und beleben immer wieder diese herrliche Anspannung: Wo und wann und welches Wild wird anlaufen?

Vor mir kommt verschreckt, fast kopflos eine Ricke mit ihrem Kitz angepoltert. Nach ein paar hohen Fluchten sehe ich nur noch die wippenden Spiegel hinter einzelnen Wacholderbüschen. Wieder stehe ich lauschend, da lässt mich ein unmittelbar vor mir in den Binsenbülten herumhuschendes Mauswiesel auffahren. Die Treiber kommen zusehends näher. Ein Hahn, den ich zu spät über einer Weidenholzgruppe sehe, fliegt plötzlich von links über mir her, ich rufe – mein Nachbar zieht mit; zuerst stieben die Federn, dann erst vernehme ich den Knall. Im Schuss legt der Gockel die Schwingen an und fällt wie ein Stein zu Boden. Dann pfeilt plötzlich und blitzschnell wie aus dem Nichts noch eine Bekassine in den Himmel und sucht im Zickzackflug zu entkommen. Ich kann die Flinte in Anschlag bringen, aber schon ist die begehrte Beute außer Schussweite. Auf die flinke, geschwinde, unberechenbare Uferschnepfe wird in der Schützenreihe viel Dampf gemacht. Doch vergebens! So bewahrheitet sich auch hier wieder die so bekannte Spruchweisheit: »Auf die Bekassine im Fluge hat schon mancher verdrossen Pulver und Blei verschossen!« Dieser »Schnellstarter« fliegt mit unglaublicher Anfangsgeschwindigkeit davon, zunächst geradeaus, und der Schuss muss heraus sein, bevor sie ihren berüchtigten Zickzackflug beginnt, denn nur so lange vermag das Auge die Verbindung mit dieser schnellen Wildart zu halten. Später ist sie schwer zu treffen.

Aber was ist hier? Nochmals steht der Setter vor. Langsam gehen wir heran. Was kann unter der Böschung stecken? Ein todesmutiger Laputz? Die Flinte schussbereit, lasse ich den Hund einspringen. Doch ehe ich dahinterkomme, was geschehen ist, flattert an meinem Kopfe etwas vorbei und huscht in schaukelndem Fluge auf geisterstillen Schwingen davon. Wir stehen wie gebannt, dann erst kann ich das Etwas als eine Eule ansprechen, eine Sumpfohreule. Gespenstisch wankt sie über das stille Moor.

Es fallen noch viele Schüsse. Mein Nachbar lässt gekonnt erneut einen Hasen Rad schlagen, so wie man das auch auf den bunten Jagdeinladungskarten gemalt sehen kann. Dann ruft das Jagdhorn, und bald recken die Treiber ihre fragenden Gesichter aus dem spärlichen Gebüsch einzelner Wacholdergruppen und aufwachsendem Birkengestrüpp hervor: »Wie sieht's aus?« – »Was ist gefallen?«

Ein reges Gespräch beginnt. Ein Löffelmann zieht allgemeines Interesse auf sich, der hier und da in Höchstfahrt über die Moorbülten seine Haken schlug, die Schrote um sich prasseln hörte, bis ihn, angebleit, einer der Treiber zur Strecke brachte, mächtig stolz. »So wird's gemacht, meine Herren!« Das sagt er, heimlich aber denkt er: »Er fiel ja tot vor meinen Füßen um.« Dann wird erst einmal Pause gemacht, und man wendet sich der dampfenden Suppe mit Brötchen zu, und ein fröhliches Erzählen beginnt, wobei viele der soeben erlebten Begebenheiten zum Besten gegeben werden. So vergeht die Essenspause wie im Fluge, und schon bald mahnt der Jagdherr zum Aufbruch, denn »das Längste vom Tag ist im November schnell vorbei!«, und der größte Teil der Streife liegt noch vor uns.

Die allgemeine Trägheit nach der Mittagsrast hat sich schnell verlaufen, und alle sind gespannt, was der zweite Teil des Jagdtages an Wildstrecke bringen wird. Zu neuen Taten wird Aufstellung genommen. Im nächsten Treiben, einem größeren verschilften Gebiet mit Erlenaufwuchs, könnte ein Fuchs stecken. Also aufgepasst! Kaum ist angeblasen, da melden sich plötzlich auch schon giftig und laut mehrere Häher. »Rätsch«, »rätsch!« schimpfen sie. Wo der Häher Zeter und Mordio schreit, da »ist was los«. Das ist eine alte Erfahrung: Entweder schleicht dort ein Fuchs, oder es ist sonst etwas im Gange. Und richtig! Mit einem Mal jubeln die Hunde auf, ein hitziges Geschrei ist in der Treiberlinie zu hören: »De Voß, de Vo…ooß!« Wie ein Stoß fährt es in Arme und Beine. Zwei schnell aufeinander folgende Schüsse links von mir auf einen roten Husch und Wisch reißen mich herum. »Fuchs krankgeschossen«, ruft einer herüber. Gerade noch kann ich sehen, wie der mächtige Drahthaar im Graben Reineke, den heimlichen, schlauen Beutegreifer, würgt und schüttelt. Da liegt er nun vor uns, der starke Fuchsrüde. »Alle List zwecklos ist, bist nun doch ins Garn gegangen!« Die Treiber bringen noch vier Kaninchen und zwei bunt schillernde Hähne zum Sammelplatz.

Eine Jagd im Moor nimmt einen ganz schön mit; die Beine werden müde, die Aufmerksamkeit lässt nach. So entkommt erneut einer aus der Sippe Meister Lampe, der sich lange im Heidekraut drückte und nun kurz vor uns aus der Sasse fährt. Hier und da fallen noch Schüsse; wir streifen noch weit auf dem schwer zu begehenden Boden durchs Moor. Und da steilt aus dem Birkengebüsch vor uns noch ein Fasan in die Luft und noch einer, eine Henne. Der bunt schillernde Hahn kommt nicht weit. Bravo Bürgermeister! Ihre neue Flinte tut's doch. Ein sauberer Schuss auf den Querreiter. Der letzte für heute.

Ein schöner Jagdtag im Moor geht seinem Ende entgegen. Auf dem heideverfilzten Boden am Rande des Moores wird Strecke gelegt: ein Fuchs, viele Hasen, Fasanen und Kaninchen, mehrere farbenprächtige Stockerpel und einige Schnepfen – ein insgesamt buntes Farbenspiel gerade der Hahnen- und Erpelfedern, die mit dem Weiß und Braun des zarten Hasen- und Fuchsbalges und den feinen Federchen der Schnepfen konkurrieren. Moos, Beerkraut und Moorhalm bereiten dem Wild das letzte Lager. Licht und Schatten huschen darüber hinweg, und die kurzen Halme des Riedgrases bewegen sich sanft im Abendwind. Rote Beeren streut das Leben dem Tod. Die Natur verkündet auf ihre Art ihrem Geschöpf das große Halali.

Auch wir erweisen dem Wild unsere letzte Ehre. Im Vielklang schallen die Signale, und wir – hängen der Erinnerung nach an einen der schönen Jagdtage im weiten emsländischen Moor. Glückliche herbstliche Treibjagdtage!

Der schlaue Reineke Rotvoss

Von besonderem Reiz ist die Jagd auf den Fuchs – sei es die Einzeljagd, das Passen auf der Drückjagd oder auch die winterliche Baujagd –, sie ist »die Kunst des edlen Waidwerks« schlechthin. Die Bejagung des Fuchses schließt immer eine Portion Hochachtung ein, und als hervorstechende Eigenschaft wird ihm die List nachgesagt. Konrad von Geßner schreibt 1545 in seiner *Bibliotheca naturalis*: »Der Fuchs ist ein gar listiges und fürwitziges Thier. Den Igel dreht er ganz einfach um und beseicht ihm den Kopf, wovon der dann erstickt … Die Fische aber fängt er mit dem Schwanz, den er ins Wasser steckt, und sobald die Fischlein da zusammen schwimmen, zieht er sie heraus.« Wegen seiner Schlauheit – der scheinbaren Schlauheit –, die es zu überlisten gilt, ist der Fuchs wohl allen Jägern eine besonders wertvolle Beute. Es imponiert seine blitzschnelle Reaktion auf drohende Gefahren, die Vorsicht allem Ungewohnten gegenüber und seine weise Umsicht, mit der er im Gelände jede Deckung zu nutzen weiß. Ihn zu erbeuten bedeutet deshalb immer ein besonderes Waidmannsheil. Mehr als bei anderem Wild, vor allem beim »Friedwild«, spielen bei der Bejagung des Fuchses allerdings meistens Zufallsbegegnungen eine Rolle. Das »Fuchs kann immer kommen!« macht gerade diesen besonderen Reiz aus. Und es fehlte auch wohl etwas im Jagdalltag, wäre der Fuchs nicht im Revier; man muss ihn nur kurz halten.

Jungfüchse am Bau zu schießen, war und ist mir auch heute noch zuwider; in reinen Niederwildrevieren mag es wohl unumgänglich sein. Lieber schieße ich den Jungfuchs, wenn er im Spätsommer und Frühherbst auf eigene Faust und immer hungrig herumvagabundiert und auf das leiseste Mäuseln zusteht. Wie bereichernd ist es auch, wenn auf der herbstlich bunten Strecke ein Fuchs liegt oder man in der kalten Mondnacht den einen oder anderen im Balg prächtigen Winterfuchs mit dicht behaarten Grannen erbeuten kann. Ich jedenfalls möchte die mondhellen Winternächte nicht missen, in denen es mir gelang, Reineke durch Mäuseln oder auch mit der Hasenquäke heranzulocken. Das war immer besonders spannend und erforderte höchste Konzentration, denn gerade die Sinne des Fuchses sind in hohem Maße entwickelt. Selbst das leiseste falsche Geräusch lässt den heimlichen Schleicher misstrauisch werden. Häufig hat es mit dessen Erbeutung geklappt, aber ich will nicht verschweigen, dass ich des Öfteren auch zweiter Sieger geblieben bin und bei hohen Kältegraden »lausig« gefroren habe.

Unvergessen sind mir die vielen Erlebnisse bei der winterlichen Baujagd. Wenn zwischen Weihnachten und Neujahr, an den »Tagen zwischen den Jahren«, das Telefon läutete, dann handelte es sich entweder um verspätete Weihnachtsgrüße, um Silvesterpläne, die Einladung zum Besuch oder die viel erfreulichere Nachricht, unbedingt wieder einmal die Fuchsbaue revidieren zu wollen. Ein alter Jäger sagte mir einmal, dass diese Tage zwischen den Jahren für ihn immer jagdliche Feiertage gewesen seien. Sie sind es auch für mich und haben ihre besondere Stimmung. Wenn dann noch eine geschlossene Schneedecke, vielleicht eine Neue liegt, Feld und Wald, Bäume und Sträucher ihr Winterkleid angelegt haben, setzt das allem die Krone auf. Dann hält es auch mich nicht mehr zu Hause, dann möchte ich hinaus in die weiße und zu dieser Zeit besonders stille und ungestorte Natur. An solchen Tagen liegt das Leben des Reviers wie ein offenes Buch vor einem. Und dieses ist für den Jäger immer die schönste und neueste Lektüre. Mit untrüglicher Deutlichkeit weist der Schnee als weißer Leithund auf, was die Nacht in ihrem schützenden Dunkel verborgen gehalten hat; dann lösen Tritt, Fährte und Spur das Siegel manchen Geheimnisses. Gerade auch das Ausneuen der Marderspur gehört dazu. Doch davon später!

Die Baujagd auf den Winterfuchs erfordert sorgfältige Vorbereitung, und das Vorgehen im Einzelnen ist von nicht zu unterschätzender Wichtigkeit. Vor allem zwei Dinge sind es, die unbedingt beachtet werden müssen: erstens die herrschenden Windverhältnisse und zweitens Ruhe, Ruhe und nochmals Ruhe! Der Fuchs mit seinen feinen Sinnen, der einen großen Teil seiner Zeit unter der Erde verbringt, ist ganz gewiss mit den Geräuschen auf dem Bau vertraut. Und so leise kann ein Grünbewamster mit einundeinhalb Zentner Körpergewicht nicht auftreten, ohne dass eine Erschütterung des Erdbodens erfolgt, zumal er gar nicht weiß, ob er sich nicht sogar gerade über dem Kessel bewegt. Bei den gar nicht so tief liegenden Kunstbauten ist das Problem noch viel gravierender.

Wie viele Füchse sind nur deshalb nicht gesprungen, weil man den Fuchsbau allzu laut angegangen ist oder der Bauhund nicht ruhig blieb. Der Misserfolg ist dann vorprogrammiert. Vorher sind schon alle Handys ausgeschaltet, und es ist verabredet worden, wer wo stehen soll. Die letzte Einweisung der Schützen vor Ort erfolgt wortlos mit Handzeichen. Weniger Schützen sind oft mehr! Erst wenn alle ganz behutsam auf ihre Plätze gegangen sind und eine Zeit lang absolute Ruhe eingekehrt ist, wird der Hund geschnallt. Dann heißt es warten und still stehen.

Wird der Bau ruhig angegangen und steht der Wind gut, springt der Fuchs in den meisten Fällen schon nach kürzester Zeit. Wie häufig habe ich gesehen, dass dieser sich sofort in den ersten Minuten heimlich davonstehlen wollte. Liegt Reineke im Knall, heißt es nicht, sich mit lauten Beifallsäußerungen darüber zu freuen, sondern man kann sich auch durch Mimik und Gestik verständigen. Für Freude und Schwatz ist nachher noch Zeit. Alles bleibt still wie zuvor! Nicht selten springt in der Ranzzeit über kurz oder lang der zweite Fuchs, sind zwei oder mehr Hochzeiter der Sippe im Malepartus. In einem großen Bau, so habe ich es einmal erlebt, steckten vier Füchse.

Angelehnt an einen Baum oder ruhig auf dem Sitzstock verharrend, sollte man sich verhalten wie ein Guru: Der Körper ist entspannt, aber der Geist aufs Äußerste konzentriert. Von einem Augenblick zum nächsten müssen die Sinne abrufbar sein, muss die Koordination von Geist und Körper funktionieren, muss der Adrenalinausstoß blitzschnell den Befehl zum Anbacken des Gewehres in Gang setzen, um den Fuchs in passender Entfernung gezielt zu erlegen. Sieht man ihn allerdings in der Bauausfahrt verharren, heißt es, Aug' in Aug' in Erstarrung zu versinken, bis er springt. Bevor der Fuchs den Bau verlässt, sichert er erst einmal, ob die Luft draußen rein ist. Ich habe schon über eine Zeitspanne von zwei bis drei Minuten geduckt hinter einem Baum stehend in die bernsteingelben Seher Reinekes geschaut.

Stocksteif wartet er mit gespitzten Gehören in einer Seitenausfahrt, bis ihm alles sicher erscheint, um dann mit wehender Lunte sein Heil in der Flucht zu suchen.

Der Bauhund sollte nicht zu scharf und rabiat sein und endlos lange vorliegen. Vorteilhaft ist es, wenn der kleine mutige Helfer als »Flieger« dann und wann wieder oben erscheint, um somit dem sonst sich verklüftenden Fuchs die Möglichkeit zu geben, sich zu versetzen oder zu springen. Scheint dem Fuchs die Sache irgendwie nicht geheuer und hat er die Möglichkeit zur Flucht, ergreift er diese, und zwar so früh wie möglich. Dennoch habe ich auf Treibjagden häufiger erlebt, dass der Fuchs, wenn er eingekesselt war, sich »bis zum Letzten« drückte, etwa in dichtem Brombeergebüsch oder in mit Schilf bestandenem Gelände.

Wie heimlich Reineke, jede Deckung ausnutzend, sich davonzuschleichen versucht, davon eine Kostprobe: Bei einem Vorstehtreiben an einem Senfschlag mit recht schütterem, gar nicht hohem Bewuchs fiel mir eine kleine Schwanzmeise auf, die ständig laut zirpend von Halm zu Halm flog und in ihrer Quirligkeit eine ganze Zeit lang meine Aufmerksamkeit erregte. Schließlich entdeckte ich, dass sich platt wie ein Tuch in einer alten, ausgefahrenen Treckerspur Reineke am Boden drückte und sich mit äußerster Geschicklichkeit langsam voranbewegte. Hätte ich nicht so konzentriert auf den kleinen aufgeregten Vogel geachtet, wäre mir besagter Fuchs – ohne diese Vorwarnung – vielleicht noch entkommen.

Zurück zur Baujagd! Weiß man sicher, dass ein Fuchs im Bau steckt – war er gar schon in der Ausfahrt, ist aber wieder zurück –, sollte man keineswegs diesen gut angenommenen Fuchsbau durch Graben zerstören. Besser ist es, eine List zu versuchen, noch schlauer zu sein als Reineke. »Der Fuchs ist schlau; aber wer ihn fängt, ist schlauer!«, wussten schon unsere Altvorderen. Man geht die Sache so an: Möglichst laut redend und auf dem Bau herumhantierend entfernen sich die Baujäger. Nur ein Schütze bleibt in guter Deckung und unter Wind stehend zurück. Ich hätte es selbst nicht für möglich gehalten, aber mehrfach schon konnte ich miterleben, dass dann am still daliegenden Bau der erlösende Schuss fiel, ehe sich die Gruppe ein paar hundert Meter entfernt hatte.

Ein anderes Mal, als wir nicht sicher waren, ob im Bau wirklich ein Fuchs steckte, hatten wir uns unverrichteter Dinge entfernt, um einen weiteren Bau zu inspizieren. Wir beratschlagten in der Senke eines Hohlweges, wie es weitergehen solle, als plötzlich Meister Reineke aus dem Bau im Wall mit dichtem Dornengestrüpp, den wir vorher inspiziert hatten, ein wenig konfus direkt auf uns zulief und noch erlegt werden konnte.

Einmal kam bei der winterlichen Baujagd sogar ein »Nutria-Fuchs« zur Strecke. Nach tagelangem Regen im Dezember war der kleine Fluss Aa im abseits gelegenen Revierteil derart über die Ufer getreten, dass die Böschungen an der Uferkante überschwemmt worden waren. Nach dieser Regenperiode folgte dann – wie so oft – eine strenge Frostperiode. So standen wir jetzt bereits über eine halbe Stunde an diesem alten, großen Fuchsbau und harrten der Dinge, denn fast schon so lange gab der Terrier im Bau Laut. Das elektrisiert, und es heißt dann Geduld haben, denn von einem zum anderen Moment kann der Fuchs springen. Deutlich ist nun zu vernehmen, dass der Hund fündig geworden ist, vorliegt und mit Vehemenz arbeitet, denn fortwährend dringt – gedämpft – giftiger Hundelaut an unser Ohr, den wir hoffnungsfroh und mit Freude registrieren.

Wohl eine weitere halbe Stunde ist vergangen, und es ist »lausig kalt«. Den Kragen über dem flauschigen Schal hoch-, den breitkrempigen Hut tief ins Gesicht gezogen, die Hände wegen der frostklammen Finger bisweilen in den Taschen vergraben, halten wir in entsprechendem Abstand von den Einfahrten der Burg von und zu Malepartus bei eisig- barschem Wind und wild wirbelnden Schneeflocken, die immer unerträglicher bisweilen als nadelspitze Kristalle ins Gesicht stechen, aus. Als Jäger muss man immer einen Rucksack voller Geduld mitbringen, und des Jägers Beharrlichkeit zieht, so sagt man, gegen alle Verweichlichungen zu Felde. Wenn den passionierten Jäger allgemein Schnee und Kälte auch nicht »anficht«, wir jedenfalls konnten jetzt auf unseren Eisbeinen fast nicht mehr stehen, bissen aber tapfer die Zähne zusammen, und alle warteten bei dieser Eiseskälte eigentlich auf ein erlösendes Signal von irgendeinem von uns oberirdisch Ausharrenden, um die Sache doch nun endlich zu vertagen und von den Unbilden des Wetters wieder warm zu werden. Als nicht so »harter Jägersmann« wollte aber keiner den Anfang machen. »Contenance !«, »Contenance !« – Haltung bewahren!«. Ein wärmendes Feuer in dieser tiefen Stille und Winterkälte, alle sehnten es herbei, es wäre eine Wonne und Glückseligkeit gewesen! Oder wenigstens ein kleines Schlückchen aus dem Flachmann, den Werner bei solch kälteschlotterndem Tun manchmal dabeihat, täte jetzt von Herzen gut. Auch der ärgste und säuerlichste Antiprediger würde uns das verzeihen, wenn er hier so fröre wie wir.

Da tut sich plötzlich in der Hauptröhre etwas, denn das Gerumpel und Rumoren unter unseren Füßen nimmt merklich zu. Rückwärts herauskommend, zerrt doch tatsächlich der drahtige

Jagdterriermischling Zorro, ein wilder Raufer und mutiger Draufgänger, in reiner Bauchlage etwas Undefinierbares heraus, das sich bald als ein feister, zotteliger, völlig mit Bauerde verunreinigter Nutria entpuppt, so ein richtiges Prachtexemplar eines opulenten »Nutria-Paschas« mit respektablen dicken Nackenwülsten. Kein Vorgang mag jemals von uns erstaunter und andachtsvoller beobachtet worden sein als das nach etwa einstündiger Schwerstarbeit endlich zuerst auftauchende weiße Stummelschwänzchen und sich fortwährend weiter ans Tageslicht bewegende braun-weiß gescheckte Hinterteil und dann die ganze Erscheinung dieses kleinen mutigen Hundes mitsamt dem kratzbürstigen Nutria. Darauf hatten wir also mit vor Kälte tränenden Augen und beständig den eisigen Wind im Gesicht eine Stunde lang gewartet! Nun gut! Jetzt meinten wir aber doch, uns aus der eisigen Umklammerung befreien und uns etwas aufwärmen zu müssen, zum diversen Fläschchen greifen und uns ein Gläschen gestrichen Vollkorn »Kuipers Korn« einflößen zu dürfen. Heiß wie Feuer rann dieser durch die Kehle, sodass man sich schütteln musste. Ah, wie gut das tat!

Des Rätsels Lösung für den zutage beförderten Nutria ist einfach. Nach Tauwetter und tagelangem Regen waren die tiefer gelegenen Revierteile an dem Fluss Aa allesamt überflutet gewesen, und einige Nutrias waren bis hierher zum höher gelegenen Acker angeschwemmt worden, in dessen Steilkante sich besagter Fuchsbau befand. Kurzerhand hatten sie diesen und die angrenzenden Kaninchenbaue angenommen und sich an dem schon handbreit stehenden Roggenaufwuchs gütlich getan, wie dieses auch mehrere ausgetretene Pfade aufzeigten. Anstatt eines prächtigen Winterfuchses lag nun ein Nutria vor uns, eigentlich ein Pflanzenfresser wie Hase und Kaninchen. Aber jeder von uns verzichtete großzügig auf die Beute. Werner nahm ihn für den Luderplatz mit, wo unser »Nutria-Fuchs« doch tatsächlich ein paar Tage später einen echten Fuchs anlockte, der im Eisen gefangen wurde. So hatte Diana alles wieder schön ins rechte Lot gebracht. Auf diese Dame kann man sich eigentlich immer verlassen. Man muss nur Stehvermögen besitzen!

An eine Begebenheit für die Schlauheit und List des Fuchses, wie wir sie gehäuft in Märchen, Fabeln und Erzählungen finden (»Ein Füchslein fein und schlau ...«), erinnere ich mich noch als wenn es heute gewesen wäre. Weil sie so unglaublich klingt, halte ich die drei Schwurfinger meiner rechten Hand steil erhoben, die der linken aber nicht zur Erde, wie es diejenigen im Scherz zu tun pflegen, die damit den Eid entkräften wollen. Es hat sich also so zugetragen, wie ich es hier berichte. Wir hatten bei hoher Schneelage drei Füchse gesprengt, eine ganze Hochzeitergesellschaft. Nach Nummero eins und zwei war schließlich zum Schluss aus dem gleichen Bau der dritte Fuchs zur Strecke gekommen. Beinahe wäre letzterer uns entwischt, er erhielt aber auf gut und gerne vierzig Gänge noch die Schrote, schlug Rad und lag mausetot da. Es ist ohnehin erstaunlich, wie Füchse den Schrotschuss quittieren. Fallen sie manchmal, wie es scheint, von den Schroten getroffen, im Knall um, sind sie ein andermal bisweilen äußerst schusshart, wie man dieses gerade bei »angebleiten« Füchsen auf der Treibjagd erleben kann. Den Schuss auf den spitz zulaufenden oder fort flüchtenden Fuchs sollte man stets unterlassen, weil er in der Regel nicht tödlich ist.

Doch zurück zu unserem schlauen Fuchs! Wir sammelten stolz und überglücklich unsere reiche Beute ein, drei im Balg ausgereifte, grannenbedeckte, prächtige Winterfüchse, legten sie etwas abseits in den Schnee und freuten uns über das seltene Waidmannsheil. Da springt doch plötzlich – man mag es glauben oder nicht – Fuchs Nummero drei auf, zunächst etwas taumelnd und benommen, dann aber, als er uns erblickt, »hui!« mit wehender Lunte das Weite. Im Nu hat ihn das Gebüsch verschlungen, und wir haben mit unseren geschulterten, leeren Flinten das verdutzte Nachsehen. »So ein Schlaumeier! Dieses raffinierte Luder! Hat sich tot gestellt und abgewartet!« Tatsache aber dürfte sein, dass unser Fuchs einen Krellschuss erhielt und sich nun eine Zeit lang in einem Zustand befand, den man bei Boxern »knock-out« nennt. Allgemein sagt man dann, die Tiere pflegten sich tot zu stellen. Dem ist nicht so, wenn es auch Tiere gibt, bei denen man ein »Sich-Totstellen« feststellen kann. Aber dieses erfolgt niemals bewusst oder absichtlich, sondern es ist eine reflektorisch ausgelöste, instinktgemäße Zwangshaltung, etwa bei Käfern und Spinnen, wenn sie minutenlang regungslos liegen bleiben. Auch ist bekannt, dass Vögel, die man eine Weile in der Hand gehalten hat, beim Öffnen derselben regungslos liegen bleiben und oft lange brauchen, bis sie sich auf sich selbst besinnen. Dieses Verhalten der Akinese habe ich mit Hühnern mehrfach als Mätzchen vorgeführt; ich war dann der Hypnotiseur. Man legt ein Huhn seitlich in einer kleinen Mulde flach auf den Boden, sodass dieses das Auge an der Kopfseite, mit dem es auf dem Boden liegt, unwillkürlich schließt. Bedeckt man das andere noch geöffnete Auge zum Beispiel mit einem Grashalm oder Ähnlichem, wird auch dieses reflektorisch geschlossen, und so bleibt das Huhn gut und gerne eine Stunde oder länger liegen.

Gerne denke ich auch an die vielen Drückjagden zurück, das Passen auf den Fuchs bei kaltem, windstillem Winterwetter mit Schnee und Sonnenschein im hohen Holz oder in der verschneiten Bruchwildnis. Die genussreichste aller Jagdarten ist wohl ein solches Standtreiben auf den Fuchs. Denn kein Treiben muss behutsamer und ausgeklügelter angegangen werden, erfordert so viel Disziplin und ist deshalb vielleicht auch so spannend. Der revierkundige Jäger kennt die bekannten Fuchspässe, dessen Schnür-, Schleich- und Raubwege, auf denen Reineke sich bei der kleinsten Beunruhigung davonzumachen sucht, und nur diese werden abgestellt. Einer geht langsam durch, eher zu leise als zu laut, bisweilen stehen bleibend und leicht mit dem Stock an einen Baum schlagend oder ein wenig hüstelnd. Dem samtweichen

Gehör des Fuchses entgeht kaum ein ungewohnter Laut. Hat man als Vorstehschütze gute Deckung und verhält sich still, ist der Schuss am Fuchspass gewöhnlich nicht schwierig, denn der Fuchs kommt in der Regel langsam angeschnürt. Er darf nur die Bewegung des Anbackens nicht spitzkriegen, aber das ist bei anderem Wild ebenso.

So hatten wir uns an einem Sonntagvormittag im Januar bei schönstem Winterwetter und drei Grad unter null wieder einmal zu einem Passen auf den Fuchs im Samerott verabredet. Bei solch herrlicher Witterung mit Sonnenschein ist der Fuchs häufig nicht im Bau, sondern liegt eingerollt auf dem Bau, wie man das bei Schneelage deutlich an seinen Lagerstellen sehen kann. Oder er hat sich sonst ein erhöhtes Plätzchen gesucht, windgeschützt und sonnenbeschienen, und genießt von solch erhöhter Warte die wintertags meist spärlichen Sonnenstrahlen. Er wählt sich in der Regel seinen Platz aber so, dass er einen guten Rundumblick hat und beizeiten bemerkt, was sich im Umkreis bewegt. Der Fuchs scheut vor allem den Lärm, die Unruhe. Im Übrigen geht es ihm wie dem Hund: Er kann immerfort schlafen. Ist es draußen schön still und warm, so finden wir ihn, wie gesagt, am hellen Tag liebend gern schlafend in der Sonne. Ist die Witterung unwirtlich, so schläft er im Bau. Die Frage, wann der Fuchs im Bau ist, lässt sich eigentlich ganz einfach beantworten. Fehlt es ihm nicht an Fraß, dann entgeht er dem Lärm und steckt in dem ihm sicher erscheinenden Bau und gibt sich seiner Lieblingsbeschäftigung, dem Schlafen, hin. Bringt ihm der Winter reiche Beute an Fallwild, so braucht er den Tag über nicht nach Beute zu jagen und ist ebenso im Bau. Dazu kommt, dass er im Januar bis Februar die Baue zur Ranzzeit kontrolliert. Hat er jedoch Hunger, dann trabt er viel umher, gerade bei einsetzendem Tauwetter nach einer Frostperiode, weil er sich nach der Schneeschmelze dann auch wieder den Mäusen und anderem Kleingetier zuwenden kann. Dann kommt jede Maus wieder aus dem Loch, und das weiß auch der Fuchs.

Fallenjäger bestätigen, dass gerade am Morgen nach tags zuvor einsetzendem Tauwetter die besten Fangerfolge zu verzeichnen sind. Auch wenn die Witterung dann regnerisch und stürmisch ist, hält es den Fuchs nicht im Bau. Wenn er Hunger hat, fährt er bei jedem Wetter aus, ebenso wie ihn der Geschlechtstrieb in der Ranz bei jedem Wetter – auch tagsüber – hinaustreibt.

Kaum war ich nun als Vorstehschütze an meinem Platz angekommen, und noch nicht lange konnte Erwin mit dem Durchgehen begonnen haben, als eine Bewegung an der Gebüschkante, aus dem Augenwinkel nur flüchtig wahrgenommen, mich langsam herumfahren ließ, denn schon kam still und leise Meister Reineke angeschnürt und lief mir am Wall entlang vor die Flinte. Es durchzuckt mich immer noch wie ein elektrischer Schlag, und jeder Jäger kennt die Spannung, wenn der Fuchs als begehrtes Wild so plötzlich erscheint. Auf gut dreißig Schritt erfassten ihn die Schrote. Kaum hatte ich nachgeladen und wollte es mir auf meinem Sitzstock hinter der Eiche wieder bequem machen, als nach wenigen Minuten ein weiterer Fuchs zu sehen war, angekündigt durch das laute Rätschen eines Hähers. Ihn zu erbeuten war schwieriger, betrug die Distanz doch wohl achtzig bis hundert Meter. Wollte ich ihn haben, musste ich alles auf eine Karte setzen und die Kugel nehmen. Nun denn! Nach dem Untertauchen in einer Senke müsste er gleich wieder sichtbar werden, und dann galt es. Als Reineke auf den von mir schon anvisierten Punkt wieder erschien und auf mein krächzendes Mundgeräusch aus dem Gaumen, das ich mir angewöhnt habe, um so für den Schuss beide Hände frei zu haben, kurz verhoffte, peitschte der Schuss heraus. Der Fuchs rutschte die Grabenböschung hinunter, war für mich nicht mehr sichtbar, und ich wusste nicht, ob er mir zur Beute geworden war. Es hieß nun warten. Alles war wieder still wie zuvor. Dann hörte ich bald, wie auch abseits an der anderen Seite noch ein Schuss fiel. Ein Einzelschuss, ein gutes Zeichen! Nicht lange, da kam Treiber Erwin bei mir angestapft, ein Meister seines

Faches, was das Fuchsdrücken angeht, und nach den gehörten Schüssen war er eigentlich auch heute wieder sicher, dass es geklappt haben könnte und er gute Treiberdienste geleistet habe. Es gibt ja Treiber, und man trifft sie auf den Jagden nicht selten, die wie Erwin die Jagd gediegen und von der Pike auf mitbekommen haben, aber einfach – aus welchen Gründen auch immer – nicht den Schritt zur Jägerprüfung wagen.

Als wir voller Spannung die Anschuss-Stelle meines Kugelfuchses erreicht hatten, sahen wir mit Freude auch Fuchs Nummer zwei mausetot im Graben liegen. Das hatte mit der Kugel ja prima geklappt! August brachte schließlich noch den dritten Fuchs. Für die Füchse war der Tag heute »dumm gelaufen«, für uns brachte er ein seltenes Waidmannsheil. Glück und Gunst lassen sich – vor allem nicht auf der Jagd – erzwingen; manchmal fallen sie einem einfach zu – und das sind des Jägers glückliche Stunden!

Aber auch sonst kann es bei der Jagd auf Meister Reineke kurios zugehen. Ich war an einem Samstagvormittag im Spätherbst bei diesig-nebliger Witterung in die Feldmark gefahren, um den Rickenabschuss zu tätigen. Da sehe ich weit entfernt auf einem abgeernteten, noch nicht gepflügten und deshalb mit Stoppeln und Druschabfall verbliebenen Roggenfeld einen Fuchs mausen. Er ist voll Eifer bei der Sache, und ich kann im Glas beobachten, wie er schließlich mit einem schnellen, elegant geschmeidigen Federsprung, der immer wieder fasziniert, wohl eine Maus erwischt hat. Ich stehe gedeckt am Waldrand, warte ab, die Entfernung ist noch zu weit, aber der Wind steht günstig, und alles deutet darauf hin, dass Reineke sich mir nähern wird. Gemach! Gemach! Als er auf hundert Meter heran ist, erkenne ich, dass er nun doch zur linken Seite hin auf den langen Wall an der Reviergrenze zuhält. Will ich den Fuchs erbeuten, dann gilt es jetzt. Als Reineke noch einmal kurz innehält und sich an einem Aufwuchsbüschel zu schaffen macht, halte ich mit der 6,5 × 57 hin. Unglaublich! Anstatt dass der Fuchs im Knall liegt, springt er nach der

Kugel, die vor ihm in den Boden geht. Die Kugel ist immer früher am Ziel, als der Knall zu vernehmen ist. Aber Reineke flüchtet nicht, wie man erwarten müsste, sondern maust ungeachtet des lauten Kugelknalles eifrig weiter. Voller Erregung fingere ich eine neue Patrone ins Magazin und kann so nach wenigen Sekunden den wahnwitzigen Fuchs noch erbeuten. Die Sache ist wohl nicht anders zu erklären, als dass der Fuchs an Schussgeräusche vom nahe liegenden Bundeswehrstandort gewöhnt war und solche als Mummenschanz abtat.

Dass der Fuchs sich viel häufiger im Freien aufhält als im dunklen Bau, dafür könnte ich viele Beispiele anführen. Bei einem Pirschgang im Oktober, so gemächlich und fürbass, als es nachts schon leicht gefroren hat, am Vormittag aber herrlichstes Oktoberwetter mit Sonnenschein herrscht, entdecke ich doch plötzlich, im Kiefernaltholz hinter der Wegebiegung zu einer teilweise mit Kiefern wieder aufgeforsteten Sandentnahmestelle auf einem Baumstamm eingerollt liegend, einen starken brandroten Fuchs. Es ist ohnehin erstaunlich, wie viel Wild man gerade im Spätherbst noch in Anblick bekommt, wenn man nach der Frühpirsch nicht gleich den lockenden Frühstückstisch ansteuert, sondern bei den ersten wärmenden Strahlen der Sonne, die alles Wild nach den oft schon recht kühlen Herbstnächten besonders liebt, noch etwas im Revier bleibt. Das gilt für alle Wildarten, den heimlichen alten Bock, das umherziehende Damwild, ja, eben auch für den Fuchs – sie alle führen gerade dann in jagdlich wenig aufgesuchten Ecken des Reviers häufig ein beschauliches Leben.

Aber schon hat er mich spitzgekriegt, schnellt blitzschnell herum und ist im Nu im Jungwuchs verschwunden. Je mehr ich mir die Sache überlege, nehme ich mir fest vor: »Mein Freund! Noch hast du deinen Balg nicht für alle Zeiten in Sicherheit gebracht! Wir sehen uns noch wieder!« Und ein paar Tage später schleiche ich bei wieder schönstem Morgensonnenschein behutsam, ach so behutsam und spähenden Blickes erneut zu ebendieser Stelle.

Und tatsächlich! Da liegt doch wahrhaftig Reineke wieder auf seiner Sonnenterrasse. Das leise Mäuseln von mir lässt ihn etwas hochfahren, und schon erfassen ihn die Gewehrschrote, sodass er im Knall zusammensinkt.

Gehäuft sind Jungfüchse im Herbst anzutreffen, wenn sie auf Wanderschaft sind und nach einem neuen Revier Ausschau halten. Als alte jägerische Weisheit las ich jüngst in einem süddeutschen Jagdkalender:

»Sig'st oan Fuchs, gib's zvui,
Sig'st koan Fuchs, gib's immer no gnua!«

(svw: Siehst du einen Fuchs, gibt es zu viele, siehst du keinen Fuchs, gibt es immer noch genügend!)

Bemerkenswert ist diese Wanderlust der Füchse. Aufgrund telemetrischer Untersuchungen weiß man, dass Jungfüchse sich eigene Territorien bis durchschnittlich vierzig Kilometer (Rüden) und elf Kilometer (Fähen) vom Heckbau entfernt suchen. Erwachsene Rüden traben sogar bis dreihundert Kilometer. Für die Populationsdichte sollte, so wie weiland unsere Vorfahren es schon wussten, der alte Grundsatz gelten: »ein Fuchs auf tausend Hektar«.

Im Gegensatz zum gewieften Altfuchs, der meistens seine Erfahrungen mit der ach so bösen Welt, in der der Jäger zu Hause ist, gemacht hat, ist der Jungfuchs noch recht dumm. Auf das Mäuseln und Vogelangstgeschrei steht er, kaum der Gefahren achtend, wie blindlings sofort zu, und man kann ihn leicht heranlocken. Habe ich das Mauspfeifchen einmal nicht dabei, versuche ich das Anmäuseln und Gepiepse der Mäuse mit dem »Kuss auf dem Daumen«, indem ich die feuchten Lippen auf der Handoberfläche ansetze und mit fein zugespitzten Lippen die Luft stoßweise einziehe. Es ist erstaunlich, mit welcher Sicherheit der Fuchs den Punkt erkennt, von dem die verlockenden Töne erklingen, und wie genau er darauf zuhält. Man sollte allerdings, wenn er auf einen zukommt, ihn nicht durch erneutes Mäuseln zu nahe heranzulocken versuchen, denn dann kann auch mit einem Male alles vorbei sein, wie ich dieses ein paarmal erfahren musste, wenn ich ihn mit Schrot erlegen wollte. So erinnere ich mich an ein Füchslein, wie dieses, als ich es – in guter Deckung stehend – im September auf dem Randstreifen eines neu eingesäten, recht trockenen Ackers schon ziemlich nahe herangelockt hatte. In seinem Umhersuchen hielt der Rotrock mit einem Male inne, verhoffte mit steifen Gehören, und dann, als er mich gesehen und den Irrtum bemerkt hatte, warf er sich jäh herum, dass die Lunte nur so wehte, und suchte das Weite. In windender Fahrt wirbelte er eine riesige Staubwolke auf, die seine Fluchtrichtung weithin anzeigte, sodass ich das Lachen trotz der verpassten Beute nicht unterdrücken konnte.

Ein anderes Mal erlegte ich mit einem Schuss zwei Jungfüchse. Vom Hochsitz aus entdecke ich plötzlich am Rande eines vor mir liegenden Gerstenfeldes einen roten Fleck. Ein Jungfuchs schaut vorsichtig aus dem Getreidefeld heraus, verschwindet aber ebenso rasch wieder darin. Die Flinte in Anschlag warte ich, und schon nach kurzer Zeit erscheint dieser etwas weiter links erneut, gut sichtbar an einer schütteren Stelle zwischen den Gerstenhalmen. Sozusagen im Schuss sehe ich, wie ein zweiter Fuchs auftaucht, wie beide ganz nahe zusammen sind und einen Moment zögernd zusammenstehen, als wollten sie sich begrüßen. Als ich vom Hochsitz steige und meinen erlegten Fuchs aufheben will, liegen dort zwei Jungfüchse.

Ein Erlebnis der besonderen Art hatte ich an einem Sonntagmorgen Ende Juli mit einem Jungfuchs, der in einem abseits gelegenen kleinen Teich Jungenten jagte. Schon von weither hörte ich das aufgeregte Paaken der Mutterente, und ich wollte nachsehen, was sich dort tat. Da bemerkte ich auch schon, dass die Mutterente wie wild mit den Schwingen ins Wasser klatschte, sich verletzt stellte und so den Ungestümen auf sich aufmerksam machte. Dieser versuchte nun partout und wie blindlings die Mutterente zu packen, die ihn verschiedentlich bis auf einen Meter herankommen ließ und dann im letzten Moment rasch etwas weiter flog. Mit Freude konnte ich sehen, wie die kleinen Enten abseits flink davonpaddelten. Der Jungfuchs war mit der nah vor ihm schwimmenden Ente als Beute so beschäftigt, dass er gar nicht darauf achtete, was sich um ihn herum tat, und mich auch gar nicht wahrgenommen hatte, obwohl ich mich zunächst recht frei und aufrechten Ganges dem Teich genähert hatte. Die Erlegung dieses »Entenräubers« war nun unabdingbar und nicht schwierig.

Mit schöner Regelmäßigkeit kann man auf Stoppelfeldern oder frisch gemähten Wiesen des sogenannten zweiten Schnittes im Juli/August gerade auch Jungfüchse antreffen und erbeuten. Man muss nur morgens sehr früh an Ort und Stelle sein. Bei viel Glück kann es einem dann in der Blattzeit sogar gelingen, in einer Dublette Bock und Fuchs zu erbeuten.

Die freie Pirsch auf den alten, erfahrenen Fuchs ist zwar reizvoll, aber ein schwieriges Unterfangen und bietet meistens wenig Aussicht auf Erfolg. Günstige Zeiten sind der späte Vormittag im Spätherbst oder Winter, wenn die Sonne recht warm vom Himmel scheint und die Mäuse draußen sind. Wichtig ist es hierbei allerdings, Muße und Zeit mitzubringen, länger auf einem Platz zu verharren, mehr pirschen zu stehen, als pirschen zu gehen, immer wieder mit dem Fernglas die Landschaft abzuleuchten, um den Fuchs eher zu sehen, als dieser einen selbst erblickt. Im Vorteil, ja, Sieger ist immer der, der den anderen zuerst eräugt. Ganz einfach ist es nicht, im freien Gelände auf Schussweite, und sei es auch nur auf Kugelschuss-Entfernung, an den Fuchs heranzukommen. Aber gerade das erhöht ja den Reiz dieser Jagd. Vom Hochsitz aus – das ist der Vorteil – sieht man den Fuchs immer zuerst. Bei der Pirsch auf den Fuchs darf man sich nicht von der Unruhe und dem Gedanken treiben lassen: »Wo du nicht bist, da ist das Glück!« Man muss verharren können; Reineke ist ja auch nicht dauernd in Bewegung, verharrt hier und da, mal ist er durch eine Grasbülte verdeckt, oder er schnürt und schmiegt sich durch eine Ackerfurche, die ihn deckt, macht umhersuchend Pausen und beobachtet genau, bevor er seinen Jagdzug fortsetzt. Hat er allerdings eine Maus im Visier, dann ist er bisweilen so mit deren Erbeutung beschäftigt, dass er ringsherum alles vergisst, auch die ihm drohende Gefahr. Man muss sich also Zeit nehmen, so viel, wie ein Fuchs sie besitzt, der im Verlauf seines Tages auch keine Stundenschläge kennt.

Beste Jagderfolge habe ich im Spätsommer sowohl auf Alt- wie auf Jungfüchse beim Morgenansitz erzielt, wenn in der Nacht viel Regen gefallen war, Blitz und Donner umgegangen waren und in aller Morgenfrühe wieder Schönwetter herrschte. Dann ist alles Getier unterwegs, und auch die Mäuse kommen aus ihrem nassen Unterschlupf und laufen. Und dann läuft mit Sicherheit auch der Fuchs. Mit Vorliebe schnürt Reineke dann auf den schon wieder weitgehend abgetrockneten, heimlich-verschlungenen Sandwegen, denn nur ungern geht er durchs nasse Gras. Sich hier in aller Frühe – vielleicht in einem fahrbaren Hochsitz an einer solchen Wegkreuzung – anzusetzen und die Gunst dieser frühen Stunden zu nutzen bringt mit ziemlicher Sicherheit Erfolg.

Nicht zuletzt aber ist der Ansitz auf den Fuchs in den hellen Winternächten bei Schnee Erfolg versprechend und hat unendlichen Reiz. Wenn strenge Winter mit Schneefall in den letzten Jahren auch selten geworden sind, so gibt es sie manchmal doch noch, die »mondbeglänzten Zaubernächte«. So erinnere ich mich genau an die Erlegung eines besonders dunkel gefärbten Fuchses, wie man ihn gemeinhin als »Kohlfuchs« bezeichnet. Es war in den ersten Tagen des Januars, als mit dem Vollmond plötzlich auch starker Frost einsetzte und es ein wenig geschneit hatte. Ich packte meine warme Ansitzkleidung aus Fleece und Loden zusammen, nahm meine Bockbüchsflinte aus dem Schrank und brach in die ruhige Winterlandschaft auf. Auf solchen Fuchsansitzen begleitet mich immer meine leichte Bockbüchsflinte. Die

K.-P. Reif

rasante Teilmantelkugel wirkt ganz hervorragend auf weite Distanzen, während mit der Schrotpatrone der Nahbereich bestens abgedeckt wird.

Ich beschloss, die hohe Eisenkanzel an der Überfahrt eines breiten Grabens in der weiten Feldflur zu beziehen. Sie war dort seit Jahren an einem uralten Hauptwechsel und altbekannten Fuchspass bestens platziert. Zudem hatte ich am Rande eines weitflächigen Ackers eine Bodenerhebung aufgeworfen und einen Pfahl eingegraben – ein markanter Punkt, den kein Rotrock unbesucht lässt. Nicht weit davon entfernt war ein Luderplatz angelegt worden mit einem kleinen das Luder überdeckenden Misthaufen. Eigentlich war alles aufs Beste vorbereitet. Ich hatte mich in die Kanzelecke zurückgelehnt und war in Gedanken versunken. Es schien sich ein Wetterumschwung anzubahnen. Der zunächst leichte Schneefall ging in Schneeregen über. Ob bei einem solchen Wetter überhaupt mit einem Fuchs zu rechnen war?

Ich schaute auf die weiße Ackerfläche, auf der eben noch ein Sprung Rehwild für Kurzweil gesorgt hatte. Zu dem Wind kam eine allmählich immer feuchter werdende Kälte, die mich ein wenig frösteln ließ. Langsam ermüdete der Blick. Doch einmal wollte ich es noch mit der Hasenquäke versuchen. Ich hatte mein Instrument nach der ersten Schmerzensarie noch nicht von den Lippen genommen, als in der weißen Landschaft ein Fuchs, wie von Hungerfurien gejagt, daherkam. Es gibt für den Fuchs wohl keine reizvollere Beute, keinen ersehnteren Braten als den Hasen, und so lässt er keine Gelegenheit ungenutzt, um zu sehen, ob ein solcher krank ist und er ihn erbeuten kann. Reineke war gar nicht weit entfernt und schnürte zügig durch die weiße Schneelandschaft vorbei. Langsam, jede Hast vermeidend, richtete ich mich etwas auf. Meine Bockbüchsflinte lag griffbereit auf meinem Schoß, denn schon ein paar Mal hatte ich durch umständliches Hantieren mit der Waffe in der stillen Schneenacht einen Fuchs verpasst.

Jetzt war er gar nicht mehr weit von mir entfernt. Auf dem Kanzelfenster hatte ich ein Fleece-Tuch ausgebreitet, das alle störenden Geräusche aufnahm. Ich hob die Bockbüchsflinte langsam an die Schulter und versuchte, den Fuchs ins Zielfernrohr zu bekommen. Gerade im Nahbereich ist das schwierig, aber das Glas von der Waffe zu nehmen, hätte Geräusche verursachen können und wäre zu riskant gewesen. In der Froststille ist das aufgerichtete Gehördreieck des Fuchses hauchempfindlich. Ich schwenkte die Waffe behutsam hierhin, dann dorthin. Ein erneuter Blick mit bloßem Auge ließ mich erkennen, dass der Rotrock noch näher gekommen war. Hoffentlich springt der Freibeuter in diesem Moment nicht noch ab, dachte ich. Jetzt nur nichts verpatzen!

Erneut suchte ich ihn im Glas. Hoffentlich bekam er keinen Wind bei dem umschlagenden Wetter. Doch dann hatte ich ihn plötzlich im Fadenkreuz des Absehens auf gut dreißig Schritt. Auf einen kurzen Anpfiff verhoffte Reineke, dann hallte der Schuss durch die kalte Winternacht. Der Fuchs fuhr herum, um in Richtung Fichtenschonung zu flüchten. All das hatte sich binnen weniger Sekunden abgespielt, und jetzt war die Bühne leer. Gefehlt! Ich hatte gefehlt! Warum hatte ich mir nicht mehr Zeit genommen und gewartet, bis der Fuchs sich weiter von mir auf der Ackerfläche entfernt hatte, um ihn dann zu erlegen?

Ich beschloss, eine weitere Stunde auszuharren. Ärgerlich und innerlich aufgewühlt, konnte ich mir mein zu schnelles Handeln nicht verzeihen. Mit dem Fernglas suchte ich die schneebedeckte Ackerfläche ab, doch nirgendwo fand sich das erhoffte dunkle Etwas. Was nun? Sitzen bleiben und warten ist bei der Jagd immer die richtige Entscheidung. Bis Mitternacht wollte ich auf jeden Fall noch ausharren. Die Zeit verrann nur langsam, und der Gedanke, dass sich nach dem Schuss nichts mehr tun würde, ergriff immer mehr Platz. Eine Waldohreule schreckte mich mit ihrer schaurigen Klage noch einmal hoch, aber sonst blieb alles vor mir leer.

Mit steifen Gliedern erhob ich mich schließlich vom Sitzbrett, packte meine Sachen und baumte von der Eisenkanzel ab. Dann ging ich zum Anschuss. Im Schein der Taschenlampe konnte ich noch deutlich die Ausrisse im Schnee erkennen, die der Fuchs bei seinem flüchtigen Abgang hinterlassen hatte. Ich folgte der Spur und entdeckte erst einen, dann mehrere kleine rote Flecken im Schnee – Schweiß! Hoffnung stieg in mir auf – kurz vor dem schützenden Fichtenwald wölbte sich eine dunkle Erhebung aus dem Schnee. Schnelleren Schrittes stapfte ich in der weißen Landschaft weiter voran. Und – da lag mein Fuchs! Ungemeine Freude überkam mich, konnte ich die verloren geglaubte Beute doch noch an mich nehmen. Meine rechte Hand ergriff, nachdem ich einen Einweghandschuh übergestülpt hatte, von denen ich immer einige in dem kleinen Behältnis einer Filmdose dabeihabe, die Hinterläufe des kräftigen Rüden. Ich musste ihn ein wenig schütteln, um den prächtigen Winterbalg vom Schnee zu befreien, der ihn während der letzten Stunde leicht bedeckt hatte. Jetzt, nach der langen Zeit der Ungewissheit, war meine Jägerwelt wieder in Ordnung, und zufrieden und glücklich-stolz trug ich meine winterliche Beute heim.

Aufregende Marderjagd

»Der Tag ist keines Marders Freund!« Selten bekommt man diese Wildart in Anblick, und deshalb verlangt ihre Bejagung auch besonderes Können und Geschick.

Aus Kindertagen erinnere ich mich an die Bilder, wenn die nachts gefangenen Marder oder Iltisse in der Scheune an einem Balken aufgehängt und mit einem Gewichtstück beschwert waren, damit der Balg gestreckt wurde und anschließend auf das Spannbrett kommen konnte. Dann durfte ich als kleiner Steppke diese in ihrem glänzenden, braun-seidigen Balg mit den markant langen Grannenhaaren und der buschigen Lunte auch einmal anfassen und streicheln. Der Verkauf der feinhaarigen Marderbälge für bestes Pelzwerk war nach dem letzten Weltkrieg bis weit in die sechziger Jahre hinein ein sehr einträgliches Geschäft. Für zwei Baummarderfelle konnte man fast ein neues Fahrrad erwerben.

Gefangen wurden die »Ölke« (Iltisse) und Marder im Eisen vor allem in den vielen Strohhaufen im Feld, den großen aufgeschichteten »Buskenbülten« (Buschenhaufen; Buschen sind auf etwa einen halben Meter geschnittenes, gebündeltes, dünnstangiges Kopfholz von Wallhecken), unter denen man als wärmenden Unterschlupf auch ein wenig Stroh und Heu gepackt hatte, oder in Schuppen, in denen das trockene Brennholz lagerte. Gerne hielten Steinmarder sich auch in den Kornscheunen zwischen den Getreidegarben auf, weil es dort viele Mäuse gab. Und nicht selten kam hier der eine oder andere beim Dreschen – gerade wenn die letzten Lagen angehoben wurden – zur Strecke. Das war immer ein großes Hallo, wenn man den Marder als grau-braunen Wisch schon einmal gesehen hatte, er aber ganz schnell wieder unter den Getreidegarben entflohen war. Dann wurde die Dreschmaschine abgestellt, und es ging ganz systematisch an die Bejagung, das heißt, auch außerhalb der Scheune passte einer mit der Flinte, damit der Räuber sich nicht, an einem Holzpfosten hochlaufend, über das Gebälk durch Luken oder übers Dach irgendwie und irgendwo davonmachen konnte. Meistens kam der Marder dann auch zur Strecke.

Einmal habe ich es erlebt, dass man das Bretterholz auf dem Dachbodenraum unseres Hühnerstalles umschichtete beziehungsweise wegpackte, weil man ganz stark vermutete, dass hier ein Marder stecke. In seiner furchtbaren Mordlust hatte dieser in der Nacht zuvor einer Anzahl von Hühnern den Hals durchgebissen, sodass mehrere tot im Stall lagen. Marder töten ja nicht gezielt nur ein Beutetier in der Ansammlung, sondern alle noch lebenden und ruhen, vom Instinkt getrieben, nicht eher, bis sich nichts mehr regt und bewegt. Da Marder andererseits, vor allem der Steinmarder, gegen hart und hell klingende heftige Geräusche sehr empfindlich reagiert, wurde hier nun mit Topfdeckeln und Kettengerassel viel Lärm gemacht. Und tatsächlich! Mit einem Male verließ der Räuber eiligst und fast kopflos sein Versteck, ging mit einem Riesensprung vom Dach zu Boden und wollte schon blitzschnell um die Ecke davonrasen, was ihm allerdings nicht mehr gelang, weil draußen zwei mit der Flinte passten. Nach dem dritten Schuss lag der Marder schließlich. Einen solchen aufgescheuchten und wie einen dunklen, kurzen Schatten schnell davonhuschenden Wisch zu treffen erfordert den flinken und geübten Schützen. Meistens wird im Eifer des Gefechtes dann zu überhastet geschossen.

Der Baummarder ist seltener, und er trägt seine anderen Bezeichnungen »Edelmarder« oder auch »Goldmarder« zu recht, denn sein feinhaariger Balg war noch begehrter, weil er mehr Geld einbrachte. So hatte dieser im Winter gefährliche Zeiten zu überstehen, besonders bei einer Neuen. Wenn die Winter früher um vieles strenger waren, die Leute mehr Zeit hatten und die Marderbälge teuer verkauft werden konnten, war seine scharfe Bejagung die unabdingbare Folge. Heute ist der Marderbalg kaum noch von Wert, aber die Bejagung des Baummarders, der im Vergleich zum Steinmarder größer und wegen seines braunen Balges mit dem seidig glänzenden Unterhaar eine noch elegantere Wildart ist, hat nach wie vor ungeheuren Reiz.

Die Jagd auf den Baummarder im Winterwald, gerade wenn eine Neue gefallen ist, ist immer besonders spannend und aufregend. Der so behäbige Reviergang mit Muße und Genuss ist auch bei mir dahin, wenn ich plötzlich im Schnee auf die nagelfrische Spur eines Baummarders stoße. Dabei habe ich mir die Jagd auf diesen schlauen Räuber erleichtert, indem ich im Revier in den Laubholzbeständen vereinzelt an markanten Stellen Holzkästen von etwa der doppelten Größe von Vogelnistkästen, aber mit einem mardergroßen Einschlupfloch in Astgabeln von Bäumen angebracht habe. Dieser Unterschlupf wird von »Gelbkehlchen« liebend gern angenommen, wohl auch deshalb, weil ich sie mit Strohgehäcksel und ein wenig Wolle auslege. In diesen »Marderburgen« habe ich den eleganten Räuber mehrfach überlistet. Bei einer Neuen kann man am Ab- oder Aufstieg gut sehen, ob der Marder zu Hause ist oder nicht. Häufig konnte ich die etwas verwischte Spur dieses Waldmarders mit seinem typischen Paartritt bis zu dem Holzkasten ausgehen. Man muss dann aber sehr wohl zunächst die Umgebung sondieren und alle Fluchtwege im Blick haben, wenn man den Schläfer in seiner Behausung durch Klopfen mit einem langen Stock heraustreibt. In Windeseile holzt er dann von Baum zu Baum, und man muss aufpassen, dass einem der Seidige im hohen Laubholzgezweig nicht aus den Augen schwindet und schnelle Deckung in dichtem Holz sucht, etwa in Fichtenbeständen. Auch muss der Hund, der häufig mit von der Partie ist, zur Ruhe gebracht werden, denn meistens bekommt er erwartungsvoll zitternd mit, dass sich da oben in den Zweigen etwas tut. Einmal wäre mir »Gelbkehlchen« im offenen Gezweig noch fast entkommen, denn der Marder ist ein Meister der Tar-

K.P. Reif

nung. Zunächst sah ich ihn als braunen Wisch über mir von Ast zu Ast wegholzen. Die Waffe in Anschlag, konnte ich ihm im Astgerippe zunächst folgen, dann war er plötzlich wie verschwunden. Ich blickte und starrte nach oben, dass mir der Nacken fast wehtat, und suchte alles Zoll für Zoll ab; schließlich sah ich oberhalb eines Astes ein wenig von der braunen Luntenspitze. Der Marder hatte sich geschickt auf einem Ast gedrückt und sich platt an ihn geschmiegt, dass ich ihn um Haaresbreite übersehen hätte. Nur das Stückchen buschige Lunte hatte ihn verraten. Mit dem ersten Schrotschuss brachte ich ihn wieder zum Laufen, der zweite fasste das Leben, sodass er in hohem Bogen zu Boden fiel und vom Hund noch tüchtig gebeutelt wurde.

Ein anderes Mal, als ich an einem Morgen im Januar bei Raureif den Rickenabschuss erfüllen wollte, sah ich plötzlich oben in einer Buche eine Bewegung und gewahrte etwas Braunes davonhuschen. Es war ein Baummarder. So was aber auch – jetzt hatte ich nur die Repetierbüchse dabei. Damit würde ich ihn zerschießen und den kostbaren Balg entwerten. Da erinnerte ich mich daran, dass mir ein alter Förster einmal einen Trick erzählt hatte, der darauf beruht, dass der Marder sehr furchtsam, beinahe lächerlich furchtsam ist. So lief ich ihm im Holz schnell hinterher und versuchte, vor ihn zu kommen, um zu bewirken, dass er auf mich aufmerksam wurde und im schnellen Davonholzen verharrte. Und tatsächlich! Alsbald konnte ich im Glas sehen, wie der Marder durch das Dreieck einer Astgabel von oben zu mir herunteräugte. Ich zog vorsichtig meinen Lodenmantel aus, breitete ihn über einen Strauch und ahmte so eine menschliche Gestalt nach. Dann machte ich mich, von Baumstamm zu Baumstamm verdeckt, still und heimlich davon, um zu meinem Auto zu gelangen und von zu Hause die Schrotflinte zu holen. Bei meiner Rückkehr nach knapp einer halben Stunde verharrte der Marder noch immer oben an der gleichen Stelle auf dem Ast. Ich hatte ihn täuschen können, was ihm zum Verhängnis wurde.

Gern sucht der Marder, besonders der Steinmarder, auch unter Reisig- und Holzhaufen Unterschlupf. So habe ich es auf einer Treibjagd erlebt, dass die Hunde von einem großen Reisighaufen partout nicht fortzubringen waren und auch ständig Laut gaben. Es musste dort etwas stecken. Kaninchen konnten es in diesem Revierteil nicht sein. Weil der Jagdtag sich ohnehin dem Ende zuneigte und man nach diesem letzten Treiben noch so zusammenstand, kam einer auf die Idee, mit dem Frontlader des Traktors, der sich als Zugmaschine vor dem Jagdwagen ganz in der Nähe befand, diesen Reisighaufen umzusetzen. Gesagt, getan! Der Traktor wurde abgespannt, und bald warteten alle voller Spannung, was denn nun steckte; nur einige hatten scharf durchgeladen und sicherten nach den Seiten. Als schließlich die letzte Lage angehoben wurde, buckelte nicht einer, nein, es kamen überraschenderweise gleich zwei Steinmarder zum Vorschein, die beide erlegt werden konnten. Das war ein unvergesslicher Abschluss dieses Jagdtages.

»Anseres« – die Gänse

Die Jagd auf die Wildgans, dieses scheue und vorsichtige Wild, gehört wie das Waidwerken auf den Fuchs mit zu den spannendsten und aufregendsten, und gerne denke ich daran zurück. Welches Ereignis war es, wenn irgendwo weitab in der Feldmark Gänse auf den Wiesen oder abgeernteten Äckern niedergegangen waren! Und so lausche ich auch heute noch auf den gellenden Schrei, das helle »Gagagag« der am Himmel in Keilform daherziehenden Wildgänse. Besonders genau höre ich hin, wenn ich sie im Revier in niedriger Höhe fliegen sehe. Dann male ich mir aus und hoffe sehnlichst, sie möchten irgendwo abseits auf den weitflächigen Wiesen einen Zwischenstopp einlegen.

Aus meiner Kindheit erinnere ich mich an die Eilfertigkeit und Hast, ja Hektik, wenn die Kunde eingetroffen war, dass irgendwo Wildgänse eingefallen sein sollten. Eine Gans erlegt zu haben war etwas ganz Besonderes. Nur – an diese scheuen Vögel heranzukommen und ihrer habhaft zu werden, galt als äußerst schwieriges Unterfangen und musste wohlüberlegt sein. Meistens verfuhr man so, dass einer neben dem Pferd gehend sich den Gänsen auf Schussdistanz zu nähern versuchte, wobei weitere Jäger abseits hinter einem Wall oder Gebüsch, wohin sie sich mit aller Vorsicht geschlichen hatten, passten. Oder man schickte mich los, damit ich in einem weiten Bogen die Gänse so lancieren sollte, dass sie beim Auffliegen schussgerecht kommen mussten. Manchmal klappte es. Welches Erfolgserlebnis war es dann, wenn die eine oder andere der sechs oder sieben Pfund schweren nordischen Kanadagänse auf den Schuss hin die Flügel zusammenklappte und mit dumpfem Aufprall auf den Boden platschte! Man musste jedoch sofort nachsehen, ob sie auch wirklich tödlich getroffen war, denn eine geflügelte Gans kann verteufelt schnell laufen. Hatte man eine Gans erbeutet, wurde sie befühlt und abtaxiert, und es war die bange Frage, ob es nicht gar eine ganz alte war, denn bekannterweise ist eine solche auch nach langer Zeit des Garens noch recht zäh und manchmal kaum genießbar. War es eine junge Gans, hob das die Stimmung in Erwartung des knusprig leckeren Sonntagsbratens.

Verschiedentlich habe ich im nördlichen Emsland, wo die Gänse als Durchzügler gehäufter vorkamen, im Winter auf sie gejagt. Wie spannend war es, wenn man, in einem Graben tief geduckt oder hinter einem Weidenbusch oder Koppelpfahl im Schilfgras versteckt, die anstreichenden Gänse erwartete. Bei nebeligem oder regnerisch-stürmischem Wetter kamen sie wie schwankende Bänder niedrig und auf günstige Schussentfernung. Dann klappte es in der Regel! Ansonsten wird auf kein Wild so oft und unglaublich vorbeigeschossen wie auf Wildgänse. Meistens beschießt man sie zu hoch. Weil die Gans recht groß ist, unterschätzt man ihre Fluggeschwindigkeit, und man hinterschießt sie. Nach einer alten Regel sollte man auf die fliegende Gans nur schießen, wenn man ihre Augen erkennen kann, und dann von hinten, damit die Schrote besser in das starke Gefieder eindringen.

Gänse haben mehr noch als Tauben auf jeder Feder ein Auge und gelten als äußerst wachsame Vögel. Die Redewendung »dumme Gans« passt nun ganz und gar nicht, denn schon in der Antike sollen Gänse durch ihre Wachsamkeit das Kapitol gerettet haben. Die Wissenschaft weiß seit Langem, dass die Gans zu den intelligentesten Vögeln zählt. Wer sich mit Wildgänsen auskennt, weiß auch, wie wachsam und vorsichtig eine Gans ist, mit welcher Sicherheit sie auf den Feldern den Jäger vom harmlosen Bauern zu unterscheiden vermag und mit welcher Umsicht sie im Gelände Wachen zum Schutz ihrer nahrungssuchenden Sippe aufstellt. Ihre Eigenschaft als Wächter machen sich auch heute noch einige Leute zunutze, gerade wohlbegüterte, wenn sie – auf dem Lande

K.-P. Reif

wohnend – sich ihr privates Anwesen durch eine große Schar zahmer Gänse bewachen lassen. Selbst bei der kleinsten Störung durch Fremde fängt das Federvieh beim Näherkommen mit ausgestreckten Hälsen und flügelschlagend sofort laut zu schnattern an und macht einen kreischenden, nicht zu überhörenden Lärm.

Laut und grell lärmen auch die Wildgänse, wenn sie, wie ich es verschiedentlich erlebt habe, im Morgendämmern in starken Formationen vom Wasser auffliegen, um auf die Saatfelder einzufallen. Die scheuen Vögel bleiben über Nacht in der Regel nicht auf den Feldern, sondern fliegen zurück zur Wasserfläche. Wahrscheinlich sind es Misstrauen und schlechte Erfahrungen mit Fressfeinden, die von einer Gänsegeneration an die nächste weitergegeben werden. Gänse kehren erst an Land zu ihren Äsungsplätzen zurück, wenn es wieder Tag wird. Dann überfliegt zunächst eine Gans als Kundschafterin das Gelände, um festzustellen, ob sich etwas Verdächtiges zeigt. Diese Gans lässt man natürlich unbeschossen. Die Wildgans äugt etwa zweihundert Meter voraus und erkennt in diesem Raum auch die kleinste Bewegung.

Sitzt man gut gedeckt und still, folgen bald Trupp auf Trupp in kleineren Flügen, um sich auf den Saaten gütlich zu tun und das sprießende Grün zu äsen. Man muss dann bei dem Anflug der Gänse den richtigen Moment abpassen, wann man aus der Deckung aufspringt. Sind sie niedrig genug, können sie, auch wenn sie einen dann Schwingen schlagend und hochsteilend wahrnehmen, so schnell nicht an rettender Höhe gewinnen und werden zur Beute.

Sind Gänse für einen Schrotschuss zu hoch, schwören einige Drillingschützen darauf, dass sie zunächst einmal ungezielt mit Schrot in die Luft schießen, damit die Gänse auf den Knall hin zu einem Knäuel dichter zusammenfliegen und durcheinandergeraten, und in dieses Knäuel schießen sie dann mit der Kugel. Andere Kugelschützen vertrauen darauf, dass sie mit der Kugel, wenn die

Gänse in Keilformation hoch über sie hinweggeflogen sind, schrägwinklig auf die erste der in Keilformation dahinziehenden Gänse zielen, um somit aus diesem Keil auf gut Glück vielleicht eine der folgenden zu treffen. Einmal konnte ich beobachten, wie bei letzterer Methode tatsächlich eine Gans aus großer Höhe zu Boden trudelte, was natürlich ein beeindruckendes Erlebnis war und dem Schützen besonderes Ansehen einbrachte.

Auf einer der Gänsejagden passierte es auch einmal, dass Jagdfreund Wilfried, ein Jagdneuling, eine niedrig über ihm streichende Gans beschossen und getroffen hatte. Er war ob des Treffers im ersten Moment so verdutzt, dass er ihr beim Zu-Boden-Fallen nicht schnell genug auswich. Wir hatten ihm noch zugerufen: »Mensch, Wilfried, pass auf, duck dich!« Aber schon war das Federvieh seitlich auf seiner rechten Schulter aufgeschlagen. Am nächsten Tag ging unser Jagdfreund Wilfried recht schief und mit Schlagseite seiner Wege. Ja, auch so schön schmerzlich kann Jagd sein!

Wenn die Schaufler schreien

Franz von Kobell (1802–1883) schwärmt: »Oh könnt es Herbst im ganzen Jahre bleiben!« Für viele Jäger ist die schönste Zeit im Jagdjahr der Oktober, wenn dieser seine Farben versprüht und das Jahr auszuklingen beginnt mit einem letzten gewaltigen Farbenrausch. Dann ist auch die Zeit der Damwildbrunft gekommen. Ist das Damwild sonst sehr unstet und zieht einmal hier, dann dort im Bestand umher, so führt es in der Brunft die großen Rudel immer wieder auf die gleichen Brunftplätze zusammen. Da das Damwild in unserem Revier nicht durchweg Standwild ist – im Sommer stehen die Bastschaufler zwar überall in den Getreidefeldern, die wohl auf sie eine magische, ja magnetische Anziehungskraft ausüben –, so sind wir in der jagdbaren Zeit eher auf Zufallsbegegnungen angewiesen. Aber das kann die Sache ja umso spannender und reizvoller machen. Ansonsten gibt es im Emsland starke Damwildbestände. Im letzten Jagdjahr betrug die Strecke an Damwild fast fünfzehnhundert Stück. In Niedersachsen wird nur in den Landkreisen Rotenburg-Wümme und Soltau Fallingbostel mehr Damwild erlegt. Nimmt man den Landkreis Verden hinzu, entfällt allein auf diese vier Landkreise mehr als die Hälfte der Jagdstrecke an Damwild in Niedersachsen.

Die Jagd auf den Damhirsch gehört zu den schönsten, aber auch schwierigsten Jagdarten. Ein alter Schaufler ist sehr heimlich und schwerer zu erbeuten als ein Rothirsch.

Als ich an einem Spätnachmittag Ende Oktober im »Buckower Rott« so durchs Jagdgebiet streife, entdecke ich im abseits gelegenen Kiefernaltholz auf einem etwas erhöhten Sandrücken, bestanden mit uralten Wacholderbüschen und einigen weit ausladenden, jetzt reiche Mast tragenden Eichen eine große, tief in den lockeren

Waldboden geschlagene Brunftkuhle. Auch die Büsche ringsum sind stark befegt, und es hängen zerfetzt und hell leuchtend von dem Aufwuchs Zweige herunter. Unweit von einer alten knorrigen Birke entdecke ich, wie im Kreisrund der Boden ganz frisch aufgerissen und zertreten ist. Hier muss im Streit um Gunst und Minne reges Treiben geherrscht haben. Bei solchem Anblick schlägt einem das Herz höher, und ich ärgere mich, dass ich hier nicht schon früher nachgesehen habe. Bin ich in diesem Jahr wieder zu spät? Sapperlot aber auch! Sofort steht mein Plan fest: In zwei Tagen am Wochenende werde ich hier mit Sicherheit ansitzen.

Es ist ein etwas trüber, aber merklich kühlerer Herbsttag, als ich noch im Dunkeln und unter Wind wieder an Ort und Stelle bin. Ich habe die fahrbare Kanzel bezogen, die hier schon seit dem Spätsommer steht, und sitze in guter Deckung. Noch liegt die weite Waldesblöße fast so wie im Shakespeareschen gespenstischen Wald von Dumsinan im Dunkeln vor mir, und die Geschehnisse, die in der Nacht hin- und herwogen und die man trotz zunehmender Helligkeit zu spüren vermeint, sind noch fast an ihrem heimlichen Werk. Doch allmählich wird der Himmel fahl, und langsam beginnt die Dunkelheit sich aufzulösen. Leichte Nebelschwaden wabern behäbig durch den Bestand, und mit dem Morgendämmern und den ersten zaghaften Sonnenstrahlen zwischen den Bäumen nehme ich die vielen lang gezogenen Spinnfäden wahr, die jetzt hier und da aufschimmern und als feine weiße Fäden glitzernd in der Luft hängen, als lange Fahnen an Ästen und Sträuchern oder als weiße Flöckchen vom leichten Windhauch ein wenig hin und her bewegt werden. In schrägen Bahnen fließt das Licht vom Himmel und ergießt sich auf den Waldboden. Es ist immer noch kühl, und kein Windhauch regt sich. Zur Kurzweil erscheint eine Ricke, äst einmal hier, dann dort. Ansonsten herrscht Stille in diesem teilweise mit Blaubeerkraut unterstandenen Kiefernaltholz und verschiedentlich eingestreuten Fichtenkusselbeständen als Verjüngungshorste, doch geduldig sitze ich und warte und harre der Dinge. Das ist jetzt ganz anders als im Frühling, wenn ein vielstimmiges Vogelkonzert die Sonne ankündigt. Keine lauten, vor Leben sprühenden fröhlichen Vogelstimmen sind mehr zu hören. Im Herbst ist alles still und heimlich. In dieser Stille Damwild anzupirschen ist bekanntermaßen ein vergebliches Unterfangen, weil dieses Wild ausgezeichnet äugt. Da es gesellig lebt, sind stets viele Lichter und Lauscher bei diesem aufmerksamen und unruhigen Wild in Aktion. Also muss man ansitzen. Die Erfahrung lehrt, dass des Jägers Beharrlichkeit gegen den Instinkt des Wildes zu Felde ziehen muss und dann irgendwann auch von Erfolg gekrönt sein wird: Dem mit Ausdauer ausgeübten Ansitz fällt schließlich jedes Wild zum Opfer.

Es ist schon später Vormittag – ich habe drei Stunden am Fleck ausgeharrt, mich fast steif gesessen und trage mich mit dem Gedanken, mein Ansinnen auf den Abend zu vertagen. Gähnen muss ich und will mich auf den Weg machen, gönne mir aber noch die berühmten zehn Minuten, die der Mensch auch sonst in der Kneipe oder beim Kegeln so gerne noch zugibt. Da reißt es mich richtig zusammen, denn plötzlich erblicke ich wie hingezaubert ein Schmaltier, das abseits aus dem Schonungsaufschlag im Schutz der sich hier immer mehr ausbreitenden Traubenkirsche *(Prunus serotina)* heraustritt. Dieser aus Amerika eingeführte Strauch hat sich an einigen Stellen in unserem Revier derart verbreitet, dass es schwer ist, ihn in Grenzen zu halten. Bis heute kennt man kaum ein Mittel, den schnellen Aufwuchs dieser Strauchart zu bekämpfen. »Die Geister, die ich rief …!«

Nicht lange, da erscheint ein zweites Damtier. Und dann – mit einem Male tritt ein gewaltiger Schaufler heraus. Über dem breiten, tief gesenkten Haupt ragen seine mächtigen Schaufeln. Massig in der Gestalt, folgt er mit wiegendem Geweih vorsichtig den zwei Tieren. Für den Rehwildjäger ist ein kapitaler Damhirsch ein seltener Anblick und eine wahrhaft erstrebenswerte Beute. Langsam ziehen die drei voran. Ein Blick durchs Glas bestätigt mir: Es ist ein Hirsch der Klasse II, von denen im Damwildring noch drei zum Abschuss frei sind. Die bekannte Hummerschere hebt sich in den Schaufeln deutlich ab. Der Hirsch mag mittelalt sein und ist somit ein richtiger Abschusshirsch. Die Entfernung beträgt jedoch noch weit über einhundert Schritt, aber alle drei kommen mir immer näher.

Im Gegensatz zum zierlichen Reh hat das Damwild doch gewaltig mehr an Masse aufzuweisen: das breite Haupt, den wuchtigen Vorderbug, die starken Läufe; mächtig erscheint auch der ganze Rückenbereich – ein imposanter Anblick und dann noch das hoch aufhabende, ausladende Geweih, dessen Konturen jetzt in den sich auflösenden und von der Sonne beschienenen Nebelschwaden immer deutlicher im Glas zu erkennen sind. Allein dieser Anblick als unvergessliches Erlebnis hätte mich schon für das Ansitzen entschädigt. Aber was denke ich? Schnell wechsele ich das Fernglas mit dem Repetierer, und es erfasst mich höchste Erregung, jetzt, wo sie genau auf mich zuhalten. Da gibt es kein Zögern mehr! Doch plötzlich rätscht da ein Häher, und die ganze Gesellschaft verhofft, erstarrt im Ziehen. »Verdammter alter Schreihals! Gleich verjagst du mir noch den Hirsch!« Der Schaufler steht genau hinter einer Kiefer, Hals und Haupt steif aufgereckt, so sichert er zu mir herüber. Ich sehe das Geweih, aber – zum Teufel – das Blatt ist verdeckt. Es ist eine harte Nervenprobe, den Schaufler nun schon auf knapp hundert Schritt vor mir zu haben, zum Greifen nahe, und warten zu müssen, dass er einen Schritt vortritt. In solchen Augenblicken können Sekunden zu Minuten werden. Das fehlte noch, dass jetzt alle mit einem Male davonpoltern und dann alles aus ist! Ja, wer beschreibt, was in solchen Sekunden unmittelbar vor dem Schuss des Jägers Herz erfüllt! Hoffen und Bangen, Aufregung und Beutedrang, alles wirbelt durcheinander.

Irgendetwas wird jetzt bald passieren, lange wird der Hirsch so nicht mehr verharren. Und als wäre Dianas Gunst mir hold, zieht dieser mit hoch aufgerecktem Haupt etwas vor, siebt den Wind erneut, wird zunehmend unruhig und kommt langsam wieder ins Ziehen, verhofft wieder, aber so, als wolle er im nächsten Moment davonstürmen. Mit zittriger Hand sucht der Zielstachel hastig das Blatt des mächtigen Tierkörpers, und schon hallt laut der Knall des Büchsengeschosses durch die Stille des Waldes. Tiefblatt getroffen, bäumt der Recke sich auf, um in jäher Flucht eine Kiefer anzurennen – deutlich hört man das Krachen – dann kann ich ihn nicht mehr sehen, nehme nur noch wahr, wie die zwei Tiere in wilder Hast davonpreschen. Sofort habe ich repetiert. Eigentlich bin ich jetzt ganz ruhig, spüre gleichsam Zufriedenheit, den Erfolg und Stolz des Jägers. Aber dann kommt doch die Erregung wieder durch. Ich muss ein paarmal tief durchatmen und mich fassen. Erneut greife ich zum Glas. Dort, der helle große Fleck, dort muss er liegen, und schon sehe ich, wie die Zweige eines Busches durch das Schlegeln der Hinterläufe sich stoßartig hin und her bewegen. Und dann werden diese Bewegungen matter, müder und lassen schließlich ganz nach. Eigentlich möchte ich sofort hinrennen, hinstürzen. Bewusst verharre ich zunächst eine kurze Zeit am Platz, doch dann drängt es mich mit jagdfieberndem Herzklopfen und mit Gewalt zum Hirsch.

Und jetzt gehe ich hin. Welch glückliches Gefühl der Entspannung im endlich geschenkten Erfolg! Und beim Näherkommen erkenne ich von Weitem die Umrisse des massigen Wildkörpers und das weit ausladende Geweih. Noch eine kurze Strecke, dann bücke ich mich schnell, und meine Hand tastet die starken Schaufeln ab. Rau und großflächig, aber auch weich spüre ich sie in meiner Hand. Ich drehe das Haupt und hebe es leicht an.

Und nun? Ich könnte den Hirsch aufbrechen, aber ich stehe da und betrachte den Wildkörper und immer wieder das imposante Geweih, und beides fasziniert mich. Es sind kostbare Augenblicke, Sternstunden im Jägerleben, vor solch stolzer Beute zu stehen und von ihr Besitz ergreifen zu dürfen. Bilder, die man in

K.P. Reif

solchen Momenten aufnimmt, prägen sich unvergesslich ein und sind wohl ebenso dauerhaft wie das Horn des Geweihs. Und ich blicke zum Einschuss – nur ein winziges Projektil und doch, welch ein Prankenhieb! Und erneut hebe ich das Haupt an. Eng gepresst stehen die Rosen, aus denen sich die wuchtigen, großen Schaufeln recken. Und so eng ist die Verbindung dieses Hauptschmuckes mit dem Körper, der Kraft und Gespanntheit der Muskeln, dass es scheint, als ob die Frucht all der Jahre sich ausdrücken wollte in diesem Schaufelpaar, das ich jetzt umfasse. Und es treffen sich die Jahre, in denen ein Tierleben heranwuchs, erfüllt vom blühenden, Leben spendenden Frühling, lichterfüllten, satten Sommer, wechselvollen, mit überquellender Fruchtfülle versehenen Herbst und kargen Winter mit Frost und Schnee, sie alle vereinen sich in diesem Augenblick und werden ausgelöscht in die »Paralyse des Todes«, wie der große spanische Philosoph Ortega y Gasset es nennt. Ich habe die Büchse auf die Flanke des Hirsches gelegt und sehe immer wieder auf dieses Bild und verharre gedankenversunken. Dem urigen Hirsch bereitet der hohe, welke Farn das letzte Lager. Der Schaufler liegt vor mir, noch etwas vorgestreckt wie in ungestümer, heftiger Flucht, die Läufe eingeknickt, so wie er verendete. Und zwischen den Stangen unten im Rosenstock entdecke ich ein paar Rindenstückchen vom Kiefernstamm, gegen den er in seiner Todesflucht rannte, ein Gruß des Waldes, auf letzter Flucht mitgegeben.

Ich sitze noch eine Weile hier bei meiner Beute und nehme die Bilder in mir auf, die für mich eigenen Wertes sind. Ich bin allein hier im raumen Kiefernaltholz; eigentlich habe ich Zeit und ich nehme sie mir auch ganz bewusst an diesem sonnenüberstrahlten, stillen Herbstmorgen. Ich koste diese Augenblicke aus, in denen ich mit dem Stück Wild allein bin. Ist es da verwunderlich, dass man ein wenig ins Grübeln kommt, dass neben den Gefühlen der Freude und des Stolzes einen Gedanken auch einer leisen Wehmut überkommen und des Jägers Glücksempfinden eine unbeschreibliche Tiefe im Gemüt hervorruft? So soll es aber, so muss es sein! Der faustische Zweifel, dieser Zwiespalt in der Seele, muss immer wieder auch einmal den Jäger ergreifen, muss ihn sein Tun hinterfragen lassen.

Mit Recht aber bin ich stolz über den geglückten Schuss, und ich freue mich riesig über meine Beute. Dann teile ich per Handy mein Waidmannsheil und meine Freude mit, denn schließlich ist der kapitale Schaufler zu bergen. Dieser, mein erster Schaufler, ist einer meiner besten geblieben und nimmt an der Gehörnwand einen Ehrenplatz ein.

Und noch von einem weiteren Schaufler möchte ich berichten, den ich den »einarmigen Banditen« nenne, denn er fällt an der Gehörnwand deshalb auf, weil er nur eine Geweihstange, nämlich die linke, besitzt. Die andere hat er sich irgendwie abgebrochen, wohl als Raufbold im Zweikampf; der glatte Abbruch deutet darauf hin. Kämpfe unter Damhirschen in der Brunft sind häufiger, als man gemeinhin annimmt, und es kommt auch zu tödlichen Verletzungen, obwohl diese wegen der stumpfen Schaufeln unwahrscheinlich erscheinen. Mehr als der Rothirsch verliert der Schaufler aber in der Brunft an Gewicht, und einmal habe ich einen solchen abgekämpften, überalterten Damhirsch völlig abgekommen aufgefunden.

Aber zurück zu meinem Schaufler! Seine Erbeutung hat mich einige Aufregung gekostet. Der unbedingte Wille und Entschluss, gerade diesen zu erlegen, ging auf eine kurze Begegnung zurück, der ich nicht wieder Herr wurde. Und das kam so.

Beim Ansitz auf Sauen im Oktober war mir dieser »einarmige Bandit« zufällig in Anblick gekommen, als er vertraut durch den Bestand zog. Sein Geweih auf dem etwas schräg gehaltenen Haupt war mir sofort aufgefallen. Er erschien von seiner Statur her als ein sehr alter Hirsch, gleichsam ein Methusalem: der starke Träger, das breite Haupt mit viel Masse und der fahle Gesichtsausdruck deuteten darauf hin. Reizvoll war für mich zudem, dass es sich um einen ziemlich dunklen, fast schwarzen Schaufler handelte. Und mit einem Blick sah ich dann auch durch das Glas in dieser einen Schaufel den nach unten schmaler werdenden »Fischbauch« und die kurze dornige Augsprosse als markante Alterszeichen. Einen solch gewitzten, alten Recken zu erlegen, der sich wohl über ein Jahrzehnt auf kluge Weise allen jägerischen Nachstellungen hatte entziehen können, das reizte. Allein schon durch das hohe Alter ist ein solches Geweih für den Jäger besonders wertvoll, und wenn dann noch die Abnormität hinzukommt! Aber es als Trophäe an der Wand zu haben ist leichter gesagt als getan, dazu gehört meistens auch ein Quäntchen Glück. Abends spät, frühmorgens, bei Sturm und Regen war ich hinter ihm her, doch ich sah und sah ihn nicht wieder. War er noch im Revier und wie war ihm beizukommen?

Schließlich, an einem Morgen zu Anfang Dezember, als Forstarbeiter vom nahen Gut Stovern aus der Nachbarjagd damit beschäftigt waren, Douglasienzweige zu bündeln und für die Weihnachtsmärkte versandfertig zu machen, stand er plötzlich auf einer Wegschneise in unserem Revier wieder vor mir, halb verdeckt von den dichten Randästen, aber sofort zu erkennen an der einen Schaufel; ja, ohne Zweifel, er war es. Aber da hatte ich natürlich die Büchse nicht dabei. Meistens ist es aber auch ohnehin so, dass ein Stück Wild, wenn es auf einem Weg oder einer Schneise steht und des Jägers gewahr wird, nach wenigen Sekunden abspringt, ehe man anbacken und einen Schuss abgeben kann. Man kann noch so vorsichtig sein; biegt man um eine Ecke und da steht ein Stück Wild mit Blickrichtung zum pirschenden Jäger, so ist die Lage hoffnungslos. Und gerade auch durch das hastige Hochfahren mit der Flinte oder Büchse wird das Wild gewarnt, und es bringt sich im selben Augenblick mit einem leichten Sprung ins seitliche Gebüsch in Sicherheit.

Hier bei meinem argwöhnischen alten Unhold war es genauso. Drei Sekunden genügten ihm, mich als nicht dahin gehörend und gefährlich zu entlarven. Und mit einem Sprung hatte ihn auch schon das Gewirr des Unterwuchses im Altholz verschlungen. Doch am gleichen Abend saß ich hier im »Samerott« dann auch an, denn ich vermutete stark, dass er sich in dem angrenzenden breiten Schilfgürtel eingeschoben hätte.

Nun wollte es der Zufall, dass sich ganz in der Nähe ein größerer Maisschlag befand, der am Tage vorher als »Korn-Cop-Mix« gedroschen war, das heißt, es werden ganz spät im Herbst nur die voll ausgereiften Maiskolben geerntet und zu einer mehligen Masse als Viehfutter geschreddert, alles andere bleibt auf dem Feld zurück. Bei der bekannten Neugierde des Damwildes und den auf dem Felde immer an einigen Stellen verbleibenden Mais-Leckereien, die beim Drehen des laufenden Maishäckslers und beim Rangieren der Silagewagen abfallen, setzte ich alle Hoffnung darauf, dass der »Einarmige« auch hier nicht widerstehen konnte. Schon in früheren Jahren hatte ich die Erfahrung gemacht, dass frisch gehäckselte Maisfelder auf Damhirsche wie ein Magnet wirken. So auch hier!

Im letzten Dämmerlicht zog aus dem Schilfgürtel, in seinen Konturen aber noch gut erkennbar, der gesuchte Schaufler auf die Fläche und hielt vorsichtig Nachlese. Ich musste mich beeilen, sollte mir nicht die zunehmende Dunkelheit noch den Erfolg verwehren. Der Schaufler zog spitz auf mich zu, und ich wartete mit der Büchse in Anschlag auf den winzigen Moment, wo er sich ein wenig quer stellte. Als er nun kurz aufwerfend einmal zur Seite trat, erhielt er die Kugel, und er quittierte diese mit einer hohen Flucht, brach zusammen, doch nur für einen Augenblick, kam sofort wieder hoch und flüchtete erneut. Schon dachte ich an einen bösen Krellschuss und dass ich mir die Beute abschreiben könne, aber da brach er nach gut zwanzig, dreißig Schritt in der Fährte zusammen. Ich hatte sofort repetiert und war die ganze Zeit in Anschlag geblieben. Doch der Schaufler hatte die Kugel, wie ich an seiner Lage am Boden deutlich erkennen konnte. Dann stand ich vor ihm, dem »einarmigen Banditen«! Es war zweifellos ein alter Recke, dessen Geweihbildung den Höhepunkt längst überschritten hatte und dem ich nach dieser kurzen Aufregung jetzt mit Freude den letzten Bissen in den Äser steckte.

Dieses Schauflergeweih an der Wand macht mir gerade wegen seiner Abnormität mehr Freude als das Stangenmaß, die Wucht und Stärke einiger anderer, größerer.

Die Sauen, die Sauen kommen!

Die Jagd auf schwarze Sauen im weißen Schnee darf wohl – ähnlich wie die Jagd auf die schwarz-zottige Wintergams im Gebirge – zu den Hochgenüssen des Jägerlebens gezählt werden. Für das Jägerherz gibt es kaum einen erregenderen, spannenderen Augenblick als das Herannahen einer Rotte Sauen. Es sind unvergessliche Bilder, wenn bei winterlichen Drückjagden auf Sauen das trutzig -borstige Schwarzwild aus den schneeverhangenen Dickungen herausgeprescht kommt, vielleicht sogar direkt auf einen zuhält, und sich dann, wenn es plötzlich den Jäger wahrnimmt, mit dem massigen Bug herumwirft und davonhastet. Ebenso reich an Spannung und Dramatik ist es, wenn die Rotte, angekündigt durch das hell klingende Jiff-Jaff der Hundemeute, die Schneise überfällt. Dann rauscht und rasselt und wälzt sich der Pulk ungestüm vorbei, dass man bald nur noch den stäubenden Schneewirbel sieht. Hier zum Erfolg zu kommen erfordert vom Schützen rasches Reagieren und Schießfertigkeit. An verschiedenen Drückjagden auf Schwarzwild im Winterwald habe ich teilnehmen können und den besonderen Reiz dieser Jagdart erlebt. Von zweien, die mir besonders im Gedächtnis geblieben sind, möchte ich berichten.

Es war an einem fünften Dezember, als nach plötzlichem Wintereinbruch auch ein wenig Schnee gefallen war und am Wochenende eine herrliche Neue lag. Das sind Gelegenheiten, die man in Schwarzwildrevieren nutzen muss, und so dauerte es nicht lange, da kam auch schon aus dem Nachbarort Engden von meinem Neffen der bei solcher Wetterlage erwartete Anruf. »Wir haben Sauen fest. Du musst unbedingt kommen! Wir rechnen mit dir!« Solchen Aufforderungen folgt man, wenn nicht vordringliche Aufgaben zu tätigen sind, natürlich mit Freude. Wenn man es recht bedenkt, haben die Sauen im Winter gerade diese zwei Gegebenheiten als Feinde: die Neue und das Telefon. So hatte auch jetzt die Neue die Sauen verraten, und im Nu waren alle erreichbaren Jäger per Telefon alarmiert. Zwei Rotten waren im Schnee sicher bestätigt, von denen die eine im »Bewerott«, einem mit Kiefern- und Fichtenaufwuchs bestandenen großen Waldstück steckte, die andere in einem mit Schilf, dichtem Erlen- und Weidengebüsch bestandenen Revierteil.

Bei der ungeheuren Vermehrung des Schwarzwildes in den letzten Jahren finden sich bei uns im Emsland mittlerweile Sauen auch in den Revieren, in denen sie früher gar nicht zu Hause waren. Wo man vor zwanzig Jahren im gemeinschaftlichen Jagdbezirk und in den Eigenjagden flächenmäßig größerer Orte im Winter mit viel Glück insgesamt zwei, drei Sauen schoss, sind es heute über das ganze Jahr hin an die zehn und darüber. In den hiesigen überwiegend landwirtschaftlich geprägten Regionen mit starker Veredelungswirtschaft in der Schweinehaltung ist es wegen der drohenden Schweinepest stets ein Gebot der Stunde, den Schwarzwildbestand in einem erträglichen Maß zu halten. Vor allem muss in die Jugendklasse der Überläuferbachen eingegriffen werden, denn diese tragen zur Reproduktion zu fast siebzig Prozent bei. Der Hauptabschuss muss im Frühjahr und Sommer erfolgen, wenn die Bachen neue Frischlinge führen und sich von ihrem vorjährigen Nachwuchs getrennt haben. Dann sind die Tage lang, und man kann bei gutem Büchsenlicht immer das schwächste Stück aussuchen. Ein großer Bestand ist auf Dauer nur in Grenzen zu halten, wenn bei jeder Gelegenheit Überläufer geschossen werden. Das mindert den Bestand drastisch, lässt das Sozialgefüge der Rotten gesunden und beschert dem Jäger in absehbarer Zeit den Erntekeiler.

Nach kurzer Lagebesprechung wurden wir Vorstehschützen nun auf die einzelnen Stände verteilt und mit äußerster Ruhe angestellt. Nur keine Hast und keinen Lärm! Das Anstellen der Schützen, die

Disziplin und die exakten Zeitabsprachen müssen stimmen und beeindrucken mich immer wieder. Heute habe ich den Stand an der Fichtenschonung im unteren Teil des Jagens zugewiesen bekommen. An der linken Seite befindet sich ein etwa sechs Meter breiter Holzabfuhrweg, rechts ein raumer Buchenaltholzbestand. Zu beiden Seiten hin habe ich freies Schussfeld.

Bis zum Beginn des Treibens bleibt mir Zeit, ringsum noch einmal die in Schneegewändern erstarrten Bäume des Waldes und die verschneite stille Winterlandschaft in mich aufzunehmen. Die Fichten tragen hohe Hauben; einzelne Äste und Büsche sind von der Schneelast tief gebeugt, andere starke Bäume stehen aufrecht da. Gerade das Lautlose hat in der winterlichen Einfarbigkeit seine Sprache. Es scheint wie im richtigen Leben zu sein: einige stehen aufrecht da, andere werden von der Last fast erdrückt. Nur hier ist es ein Augenblicksbild. Und es herrscht eine Ruhe, wie sie nur dem Winter eigen ist. Die Natur ist erstorben, keine Meise zirpt, nicht ein Vogel ist zu hören. Und gerade diese Stille macht die prickelnde Erwartung des bevorstehenden Treibens umso größer. Diese gespannte Ruhe, wenn das Treiben vor einem liegt, wenn das Wild rege gemacht wird und der zu bejagende Revierteil seine Geheimnisse preisgeben muss, ist ja gerade das Erregende an der Jagd. Man hofft und harrt und glaubt, dass es eben auf diesem einen Wechsel kommt, den man besetzt hat. Besonders aufregend wird es, wenn die Hundehatz sich nähert – und die Spannung sinkt voller Enttäuschung zurück, wenn der Laut des Hundes sich wieder entfernt.

Ein Blick zur Uhr, ja, jetzt würden in der Senke die Treiber losgehen. Nicht lange, da sehe ich mit einem Blick auch schon Meister Reineke wie einen roten Wisch die Schneise überqueren. Er hat heute freie Fahrt. Und da – jetzt zerreißt plötzlich erster Hundelaut das Geschehen. Von weither höre ich in der kalten, blanken Winterluft gut vernehmbar als wohlklingende Melodie das hohe Gejiff und den Hetzlaut mehrerer Hunde. Zunächst sind es viele, dann ist bald der dunklere nur noch eines Hundes zu hören, wohl eines Wachtels, der sich auf die warme Fährte gehängt hat. Linker Hand, unten im Fichtenaltholz, fallen zwei dumpf hallende Schüsse, wie sie in den winterlichen Jagdtag auf Sauen passen. Hundegebell und Büchsenknall elektrisieren immer aufs Neue, und gespannt sucht das Auge intensiver nach ungewohnten Bewegungen, lauscht das Ohr auf knackendes Gepolter.

Da lässt mich plötzlich ein Geräusch in der Fichtenschonung hellwach werden, ein dumpfes Brechen von Zweigen ist zu hören, und schon sehe ich, wie Schnee von den mannshohen Fichten abfällt. Das Hasten kommt näher auf mich zu, und auf etwa vierzig Schritt Entfernung überfällt plötzlich eine Sau den Holzabfuhrweg. Das Gewehr in Anschlag, lasse ich diese erste – es ist vielleicht die Bache – laufen. Kommen jetzt die anderen wie Perlen an der Schnur, eine nach der anderen? Jetzt müsste doch eigentlich der ganze Pulk über die Schneise kommen! Oder ist es der Hundemeute gelungen, die Rotte zu sprengen?

Die Jagd mit der Meute hat ihre Vor- und Nachteile. Es ist natürlich vorteilhaft, wenn die Rotte gesprengt ist, aber den Schützen kommen die Sauen dann meistens hochflüchtig. Und dann wird viel geschossen – häufig ohne den entsprechenden Erfolg.

Alle meine Sinne konzentrieren sich weiterhin auf diese Stelle der Dickung, wo die Sau den Weg überfallen hat. Das war doch eben nicht ein Keiler? Ich stehe ein bisschen wie gelähmt, dass ich vielleicht die große Chance vertan habe. Dann, ja, jetzt folgt im Schweinsgalopp ein Wutz. Also ist die Rotte doch gesprengt! Aber so schnell bekomme ich ihn nicht ins Glas, höre nur, wie auch er im Dickicht forthastet. Vielleicht folgt ja noch einer! Ich warte konzentriert. Und in der Tat! In gemäßigtem Troll überfällt tatsächlich noch ein Überläufer die Schneise auf etwa sechzig Schritt, und heraus peitscht der Schuss in die Winterlandschaft. Polternder Sturz! Die Sau liegt auf der Stelle. Hat es also doch noch geklappt! Ich bin zufrieden, repetiere. Es könnten ja noch weitere folgen. Gespannt warte ich wieder und spüre erneut die Stille. Die von mir erlegte Sau habe ich voller Stolz im Blick, kann sie auf dem Weg deutlich liegen sehen und freue mich über den geglückten Schuss.

Die Treiber sind mittlerweile näher gekommen, ein Handzeichen, eine Verständigung! Dann entfernen sie sich wieder, sodass ich bald auf dem Rückwechsel stehe. Und wieder heißt es: warten! Der Lärm verliert sich, nur verweht hört man noch Hundelaut.

Eine knappe halbe Stunde mag vergangen sein – lange wird es nicht mehr dauern, bis abgeblasen wird –, da schiebt sich plötzlich und mit einem Male rechts im Altholz aus einem Buchen- und Eichenaufwuchs, unterstanden mit hohen Farninseln, eine einzelne Sau auf gut einhundert Meter mit ihrem massigen Haupt und Vorderbug heraus. Schwarz hebt sie sich mit vorgestrecktem Wurf vom tief verschneiten Dickungsrand ab, sichert und ist unschlüssig, wohin sie sich begeben soll. Ich stehe wie erstarrt. Möglich, dass dieses einzelne Stück zu mir herüberwechselt und die Fichtendickung annehmen will. Dann müsste mir die Sau schussgerecht kommen. Ich verharre weiterhin still hinter einer dicken Eiche, gehe aber ganz vorsichtig schon am Baum in Anschlag. Denn gerade die Bewegung des in Anschlag Gehens kann später verräterisch sein. Jetzt nimmt die Sau tatsächlich durchs Altholz Kurs auf die Fichtenschonung und kommt gerade auf mich zu. Auf siebzig Schritt ist sie wohl schon heran, aber spitz, und ich meine sicher, die fingerlangen hellen Gewehre bei dieser von der Statur her mächtigen Sau blitzen zu sehen. Ist es ein alter, gewitzter Basse, ein Einzelgänger, der sich abseits gedrückt hat – was nicht ungewöhnlich ist – und jetzt, wo die Gefahr vorbei ist, sich heimlich auf dem Rückwechsel in Sicherheit bringen will? »Wo ich ungestört hereingekommen bin, da werde ich auch wieder herauskommen«, nach der Devise mag der Keiler auf seine Weise handeln wollen. Das ist übrigens eine Weisheit, die nicht nur den Sauen, sondern auch anderen Wildarten zu eigen ist, weshalb denn auch der Rückwechsel bei Drück- und Treibjagden gute Chancen bietet.

Das Alter eines Keilers anzusprechen ist schwierig. Nach meiner Erfahrung ist die Wildbretstärke nicht immer entscheidend. Es gibt alte Keiler, die besonders nach der Rauschzeit nur fünfundsiebzig Kilogramm auf die Waage bringen und dreijährige von einhundert Kilogramm oder mehr. Ein grober Anhaltspunkt ist die Länge der Pinselquaste, die bei einem alten Bassen bis zum Boden reicht. Aber wer kann das bei einer Sau so schnell sehen und dann noch, wenn sie auf einen zukommt!

In der nächsten Lücke zwischen den Bäumen muss ich sie jetzt abpassen, dort in jener etwas breiteren Senke müsste es passen! Ich ziehe mit, und als der Zielstachel kurz hinter die Teller weist, lasse ich fliegen. Im Schuss der .30–06 bricht der Urian schlagartig zusammen, wird jedoch sofort wieder hoch, um nochmals in wild rumpelnder Flucht zu stürzen, sich zu wälzen, zu blasen und laut mit dem Gebrech zu klappern. Dann erkenne ich abseits im Holz, wie die Läufe wild und wuchtig hin und her schlegeln. Die Sau ist an den Platz gebannt, und nicht lange wird es dauern, bis der schwarze Klumpen still im Schnee liegen wird. Als ich nach Beendigung des Treibens hingehe, leuchtet mir rot in der kurzen Fluchtfährte der Schweiß entgegen, und ich stehe bald glücklich vor einem etwa neunzig Kilogramm schweren Keiler. »Zwei Sauen auf einem Stand! Das erfüllt mich mit Stolz und Glück. Diana, du viel Geliebte, hab' Dank!«.

Wenn ich auf meine Trophäenwand schaue, erblicke ich die Waffen eines weiteren Keilers, und so will ich vom ganzen Drum und Dran auch seiner Erlegung berichten.

Ich war zur Drückjagd ins Fiskalische eingeladen. Nach morgendlich anfangs guter Witterung bezog es sich zum späten Vormittag hin immer mehr, und es setzte bald ein Schneefall ein, der dichter nicht hätte sein können. Ich saß heute schön trocken auf einer überdachten Kanzel – verschiedentlich hatte ich in den Jahren zuvor mit den offenen, mannshohen Ansitzböcken vorliebnehmen müssen, die aber heute wegen der geringeren Schützenzahl nicht besetzt waren – und erfreute mich daran, wie alles im Nu weiß wurde. Der Schnee zauberte plötzlich eine wunderschöne Kulisse hervor und bot eine Jagd wie aus Jägers Traumland. Bald ging der Schnee jedoch immer mehr in Schneeregen und Pappschnee über, und ich konnte sehen, wie sich bald die Äste und Zweige bogen, an den Wegesrändern sich fast bis zum Boden neigten. Am Spätnachmittag – nach der Jagd – erfuhr ich, dass es im Grenzgebiet zwischen Niedersachsen und Nordrhein-Westfalen, also kaum fünfzig Kilometer entfernt, zu einer Schneekatastrophe gekommen war. Das Naturphänomen eines nassen Schneefalls – und das über Stunden – ist sehr selten, aber dieser Schnee kann eine solche Last ausmachen, dass gerade dann aus den Nadelgehölzen wie Kiefern und Fichten die Kronen herausbrechen, ja, dass selbst die großen elektrischen Überlandleitungen reißen. Das war an diesem Tage der Fall, und es kam wegen des Stromausfalls auf dem flachen Lande zu Notständen gerade bei der Versorgung des Viehs, insbesondere beim Melken großer Milchviehbestände, denn auch am Spätnachmittag und Abend war die Stromversorgung noch längst nicht wieder gesichert. Alle Medien berichteten damals darüber.

Nun gut! Bemerkt hatte ich den verstärkten dichten Schneefall schon, aber bis zum Ende dieser Drückjagd dauerte es noch über eine Stunde. So harrte ich auf meinem trockenen Plätzchen aus und bewunderte nach wie vor die großen, dicken Schneeflocken und die stille, wunderschön weiße Winterlandschaft. Da sehe ich doch mit einem Mal, wie ein grobes Schwein auf dem schmalen verwachsenen Sandweg direkt und fast blindlings auf meinen Hochsitz zuläuft. Dass es ein Keiler ist, kann ich sofort erkennen. Nicht lange gezögert, und die Waffe ist im Anschlag. Als der Basse kurz verhofft und zur Seite abbiegen will, peitscht im

Scharfknall der schneegedämpfte Schuss. Der Urian quittiert die Kugel mit einer tiefen Flucht, dann höre ich es unweit im Bestand poltern und knacken. Ein Schusszeichen kann ich nicht ausmachen, aber Schwarzwild zeichnet ja bekanntermaßen häufig nicht auf die Kugel. Noch etwa eine Viertelstunde muss ich warten, bis das Treiben beendet ist. Eigentlich müsste der Keiler liegen, doch wer ist sich da ganz sicher – Schwarzwild ist hart im Nehmen! Vorsichtig folge ich mit durchrepetiertem Gewehr der gut sichtbaren schweißübersprühten Fährte und sehe dann nach etwa fünfzig Metern undeutlich zwischen dem modrigen Fallholz die dunklen Borsten des verendeten Stückes. Jeder kennt die Erleichterung, dieses erleichternde »Gott sei Dank«-Gefühl. Voll Freude stehe ich nun vor dem gewaltigen Bassen, der mir – ein Schauspiel von fast Sekunden – so unversehens zur Beute wurde. Sicher sind bei der Erlegung dieses Keilers mit dem hoch aufragenden, starken Gewaff die besonderen Witterungsverhältnisse, die auch das Wild gespürt und zu besonderer Unrast getrieben haben wird, zu Hilfe gekommen.

Die Jagd auf Sauen ist und bleibt zu jeder Jahreszeit spannend, und so habe ich auch sommers frühmorgens wie winters bei Mondschein verschiedentlich auf Schwarzwild angesessen und manch interessante Begegnung mit diesem schlauen und gewieften Wild gehabt. Welche Wildart kann sich in Bezug auf Klugheit und Sinne mit dem so ur- und wehrhaften Schwarzwild messen! Nur der Gesichtssinn, das Sehvermögen, geht ihm bisweilen etwas ab. So habe ich es einmal erlebt, dass ich einen an einer Wegekreuzung frei stehenden Hochsitz bei mir im Gesicht stehenden Wind vorsichtig besteigen konnte, obwohl die Rotte an der Kirrung kaum einhundert Schritt entfernt war. Mit Quieken, Gegrunze und schmatzendem Nuken stritten sich wohl über zehn Sauen um den Mais. Sie standen so sehr im Gebräch und suchten mit solchem Eifer nach den Maiskörnern, rangelten und schubsten sich, dass sie mich überhaupt nicht wahrnahmen. Nicht selten konnte ich mich auch den Sauen im Feld, wenn der Wind gut stand, bis auf kurze Schussentfernung nähern.

Aber der Geruchssinn des Schwarzwildes ist umso besser ausgebildet. Selbst die Frischlinge sind hier schon Meister ihres Faches. Einmal erlebte ich, wie diese etwa acht Wochen alten Frösche, als sie am Waldrand auf meine Fährte zum Hochsitz stießen, die nun schon zwei, drei Stunden alt war, sofort wie zu Stein erstarrten, wie ein Vorstehhund mit ihrem hoch erhobenen kleinen Gebrech Witterung aufnahmen, ein paar Minuten lang die Luft siebten und sich wieder empfahlen, das heißt sich schleunigst zurück in die Dickung auf und davon machten.

Verschiedentlich habe ich auch im Frühjahr an den Wochenenden angesessen, wenn die ersten Schäden auf den Maisfeldern ruchbar wurden und die Sauen mit ihrem Gebrech wie mit Pflugscharen reihenweise den keimenden Mais zutage befördert und ein regelrechtes Tohuwabohu angerichtet hatten. Dann wurde dieser Ort der Verwüstung schon gar bald ein Ort der Begegnung zwischen Jäger und Landwirt, und es musste diesem wilden Treiben, wollte man es sich mit den Landwirten nicht verderben, die selbst schon aus allen Frisiersalons der Stadt sich den Haarabfall besorgt und auf dem Feld verstreut hatten – allerdings meistens, ohne große Schadensabwehr zu bewirken –, unbedingt und schnell ein Ende bereitet werden. Häufig waren aber dann gerade die Lichtverhältnisse so schlecht, dass man an einen verantwortbaren Schuss auf die Fressfeinde nicht denken konnte, und man wartete mit Sehnsucht auf die nächste Vollmondphase, dass Frau Lunas silberweißes Licht genügend Helligkeit bringen würde. Häufig habe ich dann um die Stunde der Uhlenflucht beim Ansitz das Grunzen und bisweilen helle Aufquieken der Frischlinge, die von der Bache wohl einen Hieb abbekommen hatten, gehört, konnte aber kaum etwas sehen. Und hatte man dann endlich einmal einen Überläufer erlegt, war zwar eine kurze Weile Ruhe im Feld, bis die Sauen an anderer Seite und Stelle wieder zu Schaden gingen.

Größeren Erfolg bringt nach meiner Erfahrung der Ansitz im Spätsommer, wenn die Rotten sich in den Getreidefeldern aufhalten. Mehrfach habe ich gesehen, wie die Halme dann zertreten und zerknickt am Boden lagen, wie die Sauen in ihren wilden »Bacchanalien« eine ganze Ecke des Halmenfeldes zertrampelt und verwüstet hatten: zerknautschte Ähren, Saulosung noch und noch! Der Vorteil bei der Bejagung in den sommerlichen Getreidefeldern ist, dass die Sauen sich in dem hellen Getreide besser abheben. Man muss sie nur nahe genug herankommen lassen, um sie in dem Halmenmeer genau ansprechen zu können. Hier muss man bei schlechten Sichtverhältnissen die Nerven bewahren und sich ganz ruhig verhalten, wenn man das Getrappel, das anhaltend deutliche Grunzen und ein fortwährend knisterndes und knackendes Reißen an den Getreiderispen hört. Es ist dann häufig eine harte Geduldsprobe, die Sauen schon so nahe vor sich zu haben, ihre Schatten auszumachen, aber sie nicht genau ansprechen zu können. Häufig bleiben sie in diesem Schlaraffenland bis in den frühen Morgen. Schon einige Sauen habe ich so beim ersten morgendlichen Büchsenlicht geschossen. Sie fühlen sich in dem dichten Wuchs des Getreides sehr sicher und ahnen nicht, dass man von der hohen Kanzel aus – und diese kann der Sicht und der Windverhältnisse wegen nicht hoch genug sein – ihr Treiben beobachten kann.

Immer wieder hört man beim Nachtansitz auf Sauen von Unglücksfällen. Meistens geschehen diese beim gemeinschaftlichen Ansitz und wenn Absprachen nicht eingehalten werden, was unbedingt vonnöten ist. Übereifrige und unerfahrene Schützen verlassen dann bisweilen die Kanzel und versuchen, sich näher an die Sauen heranzuschleichen, wobei sie in der Dunkelheit leicht von den Nachbarschützen selbst für vermeintliches Wild gehalten werden. Aber auch wenn man allein nachts auf Sauen ansitzt, ist es unbedingt wichtig, erst dann die Kugel anzutragen, wenn man das Wild auch ganz sicher als Wild angesprochen hat. Man malt sich oft Gaukelbilder aus und glaubt Wild zu erkennen. Die folgende Begebenheit werde ich mein Lebtag nicht vergessen.

Schon seit längerer Zeit waren die Sauen auf einem erntereifen Kartoffelacker zu Schaden gegangen. Wiederholt war Landwirt Lölver schon vorstellig geworden und hatte sein Leid geklagt ob des wilden Treibens und der Schäden, die die Sauen in seinem Kartoffelfeld angerichtet hatten. »Wenn Ihr hier nicht bald Abhilfe schafft« und dazwischenhaltet, brauche ich nicht mehr zu ernten! Auch euer Elektrozaun hilft da nicht, im Gegenteil! Aus der Nachbarjagd habe ich gehört – es ist fast unglaublich –, dass die Viecher in Erwartung des Stromschlages kurz vor dem Elektrozaun laut aufquieken und dann mit ›Augen zu und durch‹ den Zaun durchspringen, um ins gelobte Land des gedeckten Tisches zu kommen.« Wegen des zu bezahlenden Wildschadens, aber auch um das gute Verhältnis zu den Landwirten nicht aufs Spiel zu setzen, musste hier Abhilfe geschaffen werden, und das umgehend. Es hieß jetzt, ganz gezielt und im Wechsel durchgängig nachts anzusitzen. Gar nicht so einfach, Leute zu finden, die Zeit haben, die Nacht auf dem Hochsitz zu verbringen. Doch auch ich konnte es zu Wochenbeginn hin einrichten anzusitzen. Die Lichtverhältnisse in den kommenden Nächten waren für das besagte Vorhaben günstig; es war abnehmender Mond. Das Schwarzwild liebt nicht sonderlich die hellen Mondnächte, sondern hält sich gerne eher etwas bedeckt im Mondschatten auf.

Es war am Dienstag, dem 31. Oktober – das Datum ist mir wegen des Reformationsfestes noch geläufig –, als ich um 21 Uhr die geräumige Eisenkanzel an der Kunkebeeke besteige. Bis ein, zwei Stunden nach Mitternacht will ich ansitzen. In dieser langen Zeit und in der Stille und Einsamkeit der mondbeschienenen Feldmark bleibt dann viel Zeit zum Nachdenken und Sinnieren. Mondschein und Sternenglanz haben ohnehin etwas Faszinierendes an sich. Mondschein zaubert und verzaubert – die Gedanken gehen hierhin und dahin. Erinnerungen umschweben einen und werden zur lebendigen Gegenwart. Alles ist ruhig und friedlich, wenn man in die Nacht hineinhorcht. Es ist eine Stille, die vor allem der Jäger kennt und in der man auch leicht das Zeitmaß verliert. Gar mancher wird sicher bezeugen, wie unendlich langsam bisweilen die Zeit in der Dunkelheit fortschleicht. Lediglich der Waldkauz geistert lautlos herum auf seiner nächtlichen Pirsch und pendelt von Baum zu Baum. Durch die geöffnete Luke kann ich das Kartoffelfeld, das auf drei Seiten vom Wald umgeben ist, weithin überschauen. Auf der gegenüberliegenden Seite führt eine wenig befahrene Landstraße vorbei.

Gegen zehn Uhr tritt Damwild aus und zieht gemächlich über den Acker. Auch ein Fuchs schnürt vorsichtig am jenseitigen Waldrand entlang. Mitten im Feld steht ein Sprung Rehwild. Alle habe ich sehr wohl im Blick, doch mein Ansinnen gilt den Sauen. Es heißt jetzt, Geduld zu haben, auszuharren, denn lange kann es nicht mehr dauern, bis die Schwarzkittel wieder ihr nächtliches Gelage beginnen. Es wäre ja gelacht, wenn man diesen ungebetenen Gästen nicht beikommen könnte. Plötzlich werfen die Rehe auf. Im Fernglas erkenne ich deutlich, wie von der Straßenseite her eine Rotte Sauen sich nähert. Lange wohl haben sie vor dem Auswechseln in der Dunkelheit des Waldsaumes verhofft und in die Feldmark hineingesichert. Welches Wild kann sich in Bezug auf Vorsicht und Klugheit mit den Sauen messen! Langsam wagen sie sich aus dem Wald hervor, ein, zwei, drei, vier… eine ganze Rotte. Sie lösen sich aus den dunklen Fichten wie aus einer großen, hohlen Hand, verteilen sich auf dem dickungsnahen Ackerstreifen und ziehen wie Schatten ins Feld hinaus. Nicht hastig und auch nicht langsam, im Schweinsgalopp nähern sie sich. Jetzt gilt es! Vergessen sind all die Träume von eben, all die Gedanken in die mondbeschienene Nacht hinein. Mit einem Mal beseelen mich nun wieder die Passion und das Handwerk der Jagd. Das Gewehr in Anschlag, nehme ich auf weite Entfernung schon einmal Maß. Es sind noch gut einhundertundfünfzig Meter. Und tatsächlich!

Die Sauen kommen näher und näher. Fast reicht es für einen Schuss. Mit einem Male jedoch verhoffen sie. Irgendetwas müssen sie mitbekommen haben, ein deutliches Schnauben und warnendes Blasen sind zu hören, und mit einem »Wuff- Wöff, Wöff« poltert die ganze Rotte in den rechter Hand gelegenen Hochwald. Die Bühne ist leer. Jetzt heißt es für mich erneut zu warten. Ich nehme einen Schluck Teepunsch aus meiner Thermosflasche, die jetzt nach fast drei Stunden Ansitz zunehmend leerer wird.

Kurz vor Mitternacht glaube ich von der Straßenseite her eine Bewegung wahrzunehmen. Es scheint ein einzelnes Stück zu sein, das an der Grabenkante auf mich zuwechselt. »Man muss nur lange genug sitzen, dann hat man auch Waidmannsheil«, lobe ich mich selbst. Immer dichter schiebt sich der schwarze Klumpen auf der breiten Seitenkante des tiefen Grabens heran. Jetzt nicht zu lange warten! Der Blick durchs Zielfernrohr bestätigt: das muss ein gewaltiger Basse sein. Irgendwie kommt das dunkle Etwas aber nicht zum Stehen, schiebt sich gleichmäßig und beständig voran. Soll der Keiler nur näher kommen! Denn als allein gehendes Stück könnte es sich durchaus um einen solchen handeln. Immer weiter zieht das dunkle Etwas vorwärts, ohne zu verhoffen. Das kommt mir ein wenig seltsam vor. Ich greife erneut zum Fernglas, um deutlicher zu sehen, da – nein, das gibt's doch nicht, kann das sein? – erkenne ich mit einem Male in Umrissen eine aufrecht gehende Gestalt, die sich unaufhaltsam der Kanzel nähert. Deutlich ist jetzt ein Mensch auszumachen: Es ist ein Soldat in Uniform und Marschausrüstung. Ja, jetzt erkenne ich die Soldatenuniform ganz deutlich! »Mein Gott«! Ich bin noch ganz benommen. Dreimal Dank, dass ich nicht voreilig den Finger am Abzug krumm gemacht habe! Ich mag es mir heute genauso wie damals nicht vorstellen, was gewesen wäre, wenn… Solche Erlebnisse haften.

Wie kam der Soldat in die einsame Feldflur? In der etwa zehn Kilometer entfernten Scharnhorst-Kaserne war im Rahmen eines Herbstmanövers ein Nachtmarsch angesetzt worden. In Tarnkleidung, mit Sturmgepäck und Kompass ausgerüstet, war es Aufgabe der Rekruten, in der Dunkelheit einen bestimmten Sammel- und Zielpunkt anzusteuern. Dabei sind Querfeldeinmärsche als Abkürzung nichts Außergewöhnliches, um die lange Wegstrecke und den langen Fußmarsch überhaupt bewältigen zu können. Der Soldat war unten auf der tief hinabreichenden, breiten, grasbewachsenen Grabenböschung gegangen, weil der obere Rand zum Kartoffelacker hin mit hohem Unkraut bestanden war. So erschien die menschliche Gestalt kleiner und hatte auch in etwa die Größe eines Stückes Schalenwild. Dass sich hier weit draußen in der Feldmark ein Mensch aufhalten könnte, und zudem mitten in der Nacht, das war mir überhaupt nicht in den Sinn gekommen. Ich hatte fest mit einem Stück Schwarzwild gerechnet, weil auch die Rotte vorher genau diesen Wechsel aus dem Wald genommen hatte.

Wie wehrhaft das Schwarzwild ist, habe ich auf einer der üblichen herbstlichen Treibjagden erlebt. Das »Fuchs kann immer kommen!« wird bei uns mittlerweile häufig ergänzt durch »Auch Sauen können kommen!«. Dabei ist vielen nicht deren Angriffslust bekannt, wenn sie angeschweißt sind. Man hat zwar davon gehört, hat aber keine Erfahrung und glaubt auch nicht so fest daran. Unwiderruflich gilt aber: Steht ein Stück Schwarzwild nach dem Schuss noch auf den Läufen oder will wieder hoch werden, dann darf man keine Patrone sparen und muss – unter Beachtung der Sicherheitsverhältnisse – jede Gelegenheit zur Abgabe des zweiten oder Fangschusses nutzen. Allzu viele Jäger haben schon teures Lehrgeld bezahlt, so auch Hermann Pieper.

Als wir nach der Mittagsrast im Revier von Jagdfreund Erlenfried verschiedene Schilfpartien mit dichten Kraut- und Riedgrasbewuchs nehmen und das Treiben schon eine Zeit in vollem Gange ist, ertönt plötzlich aus der Treiberwehr lautes Rufen: »Schweine, Schweine! Schweine nach vorn!« Wie ein Stoß fährt ein solcher Ruf allen Schützen in Arme und Beine. Sollten hier

K.-P. Reif

heute tatsächlich Sauen stecken? Möglich wäre es schon, hört man doch allerorten, dass die Sauen mittlerweile auch dort auftauchen, wo sie früher nicht waren. Wer ein Flintenlaufgeschoss dabeihat, stopft jetzt hastig um, wenigstens eine in den linken Lauf. Man kann ja nie wissen!

Tatsächlich! Das Hundegebell kommt näher und näher. In dem hektischen Rufen und den lauten Wortfetzen der Treiber wird die allseitige Nervosität spürbar. Wie ein Ring legt sich jetzt die Spannung um das Treiben. Sich still verhalten, weder räuspern noch rühren, nicht bewegen, sich nicht regen ist die Devise, hingeduckt an einen Baum oder Strauch, wie mit ihm verwurzelt, mit der Umwelt eins, voll drängender Erwartung alle Sinne geschärft.

Plötzlich höre ich ein Rascheln und Poltern an der linken Seite, und schon stürmt eine einzelne Sau aus dem Treiben, überspringt den Graben und hastet auf die offene, anmoorige Ackerfläche zu, dicht bedrängt von mehreren Hunden. Der Acker ist vom Regen der letzten Tage völlig durchnässt, sodass die Sau mit den spitzen Schalen tief ins Erdreich einsinkt. Nur langsam kann sie vorankommen, während die Hunde sie recht leichtfüßig überholen und von vorne und den Seiten attackieren. Die wilde Jagd geht nach rechts und links, einmal hierhin, dann dahin. An Schießen ist bei diesem unentwirrbaren Knäuel nicht zu denken. Vor allem ein großer Drahthaar setzt der Sau, die bisweilen fast bis zum Bauchansatz einsinkt, arg zu. Nur schwer kann sie sich der vielen Hunde erwehren, die sie wütend umkreisen, vorstoßen, abwechselnd kurz fassen und an ihr hängen. Immer wieder stößt die Sau nach den lästigen Hassern und den Angreifern aus. Aber sie ist in dem frisch gepflügten Acker zu unbeweglich.

Jetzt kommt wieder eine Attacke der Hunde von vorn. Und wieder geht es hin und her. Da ergreift der etwa einhundert Meter entfernt stehende Heiner Behrens die Initiative und nähert sich von der Seite in weitem Bogen dem Ort des Geschehens. Er schießt in einem günstigen Moment, als die Hunde etwas ablassen, auf die Sau, die daraufhin jedoch nicht zusammenbricht, aber die Kugel erhält und vorne einknickt. Die Hunde, der Hilfe gewärtig, gehen nun wieder energischer ran. Von der anderen Seite kommt ebenfalls der junge Bissmeyer aus der Deckung, um dem Treiben auf dem Acker ein Ende zu bereiten. Der drohenden Gefahr von beiden Seiten ansichtig, flüchtet die Sau jetzt nicht weiter auf die offene, weite Ackerfläche, sondern wirft sich herum und hält wieder Kurs auf das schützende Schilf, die Geborgenheit der Deckung, aus der sie kam, aber viel weiter nach vorn zur Stirnseite hin.

Hier steht Heinrich Pieper, ein schon älterer Schütze, unbewegt am Grabenrand und harrt der Dinge, die da kommen. Und sie sollen kommen! Unvermittelt und schnell stürmt die wund geschossene Sau mit tiefem Gebrech geradewegs in seine Richtung, gefolgt von der kläffenden Hundemeute. Reflexartig geht Pieper mit jagdfieberndem Herzklopfen auf etwa vierzig Schritt in Anschlag, kann aber wegen der Hunde nicht schießen. Diese ruckartige Bewegung muss die Sau mitbekommen haben, denn sofort nimmt sie in rasender Flucht immer tiefer werdend Pieper vor dem Graben an. Dieser kann so schnell nicht reagieren und zur Seite springen. Ehe er sich versieht, rennt die Sau ihn zu Boden. Er poltert längs hin auf die flach abfallende Innenseite des breiten Moorgrabens. Mit seinen Hauern versetzt der todwunde Keiler den am Boden Liegenden stoßartig Hieb auf Hieb in den Oberschenkel. Dann sind die Hunde wieder dran und lenken durch ihr anhaltendes Geblaff die Aufmerksamkeit des wütend blasenden und links und rechts ausschlagenden Keilers erneut auf sich. Pieper kommt wieder zur Besinnung, kann sich etwas aufrichten und nach dem Gewehr greifen, das ihm beim Salto aus der Hand gefallen ist. Etwa zehn Meter vor sich unten im Graben sieht er, Auge in Auge, den Bassen mit bös gesträubtem Borstenkamm und aufgerichtetem Pürzel vor sich, wild-wütend mit den Haderern klappernd, im Gebrech die schweißigen Schaumflocken und zu neuer Attacke bereit. Die wulstartigen Aufstülpungen über den dolchartigen Hauern sind deutlich zu erkennen. Erneut will der massige Urian jetzt Pieper annehmen, da hält dieser in seiner Todesnot drauf, auch auf die Gefahr hin, einen der umherspringenden Hunde zu treffen. Im Knall sackt der schwarzzottige Keiler, von der Brenneke getroffen, blitzartig zusammen. Das Flintenlaufgeschoss hat ihm auf der kurzen Entfernung das Kreuz durchschlagen und infolge der schrägen Schussrichtung in dem abfallenden Graben voll das Leben gefasst. Der Basse schlägt noch ein paarmal mit den Läufen im flachen Wassergraben, dann liegt er still. Ein wildes Zerren und Zausen der Hunde über der Beute beginnt, die eben noch den Keiler umjaulten.

Es dauert nicht lange, da sind wir zur Stelle. Uns bietet sich ein zweigeteiltes Bild. Die Sau liegt am unteren Grabenrand halb im flachen Wasser. Ein paar Meter weiter erblicken wir auf der breiten, grasigen Schrägkante des Moorgrabens Jagdfreund Pieper. Das Waidmannsheil bleibt uns im Halse stecken, als wir die Situation genauer wahrnehmen. Piepers Hut liegt abseits. Jacke und Hose sind seitlich aufgerissen, und im rechten Oberschenkel sieht man in der blutdurchtränkten Hose eine klaffende Wunde. Pieper sagt nichts, weist nur auf sein Bein und klagt über Schmerzen, auch im rechten Brustbereich; er atmet schwer. Die Jagd ist bereits abgeblasen, und der Segen des Mobiltelefons erweist sich auch hier wie in anderen Notsituationen. Wir rufen sofort nach dem Krankenwagen; der Doktor aus dem Dorf könnte an Ort und Stelle auch nur erste Hilfe leisten. Pieper wird ohnehin ins Hospital eingeliefert werden müssen, damit die tiefen Wunden genäht werden. Es dauert eine Weile, bis das erlösende Martinshorn zu hören ist. Das routinierte, aber erschreckend hastige Versorgen des Verunglückten und das schnelle Abfahren des Krankenwagens lassen auf eine lebensgefährliche Verletzung Piepers schließen. Man weiß ja im Einzelnen nicht, was sich beim Kampf mit dem Keiler abgespielt hat, ob nicht auch innere Organe verletzt sind.

Als wir am frühen Abend die Nachricht aus dem Krankenhaus erhalten, dass die Verletzungen nicht lebensgefährlich sind, fühlen wir uns alle ungeheuer erleichtert, und wie ein Lauffeuer verbreitet sich diese gute Nachricht. Die vom Keiler geschlagenen Risswunden verheilen allerdings langsam, sehr langsam, weil es immer wieder zu Entzündungen kommt. Heute steht Pieper wieder in seinem Geschäft, aber vor dem wehrhaften Schwarzwild hat er argen Respekt bekommen.

Stokeljagden

Im Herbst häufen sich die Einladungen zu den Treib- und Drückjagden; manchmal sind sie so zahlreich wie Perlen an der Schnur. Gut organisierte Gesellschaftsjagden sind für alle Beteiligten ein Genuss. Im harmonischen Zusammenspiel, das ohne Hast, aber mit spürbarer Dynamik abläuft, entfaltet sich die hohe Kunst der Jagd. Einige dieser Jagden – es muss nicht immer die große Strecke sein, sondern es ist vielmehr die Gesamtatmosphäre – bevorzugt man und wartet geradezu auf die Einladung.

So gerne ich auch an diesen größeren Gesellschaftsjagden teilnehme, von besonderem Reiz waren und sind für mich die kleineren Jagden, die Jagden im Verwandten- und Freundeskreis. Hier ein wenig in herbstlicher Landschaft auf Gockel, Has und Kanin zu jagen, ist durch nichts zu ersetzen. Bei dieser Art des Jagens spielt sich alles in viel größerer Ruhe, ja, Beschaulichkeit ab. Da gibt es nicht die wegen der vielen Schützen und Treiber erforderliche feldmarschmäßig geplante Vorarbeit und Durchführung der Jagd, da wird nicht von einem Treiben zum nächsten gedrängt, wie es bei großen Treibjagden in der Natur der Sache liegt. Auf diesen kleinen Stokel- oder Klüngeljagden durchstreift man gemächlich und kommod kleinere Felder, Heckengehölze und Windschutzstreifen und nimmt viel intensiver die Arbeit der Hunde, das laute Gocken aufstehender Hähne und vielleicht die fabelhafte Schießfertigkeit seines Nachbarschützen wahr, wie dieser gekonnt den Hasen rollieren lässt oder den Fasan aus der Luft holt. Es bleibt mehr Zeit für das einzelne Stück Wild, das von Herzen gewünschte Waidmannsheil und den kleinen Klönschnack in den Pausen. Dann wird für ein kurzes Verweilen an der Waldlichtung die Flinte auch einmal abgelegt und spontan aus dem Rucksack die Thermoskanne für den Schluck Kaffee mit ein paar Spekulatius oder der kleine gehaltvolle Punsch hervorgeholt. Nichts treibt einen. Überhaupt entfällt das große »Hali und Halo«; alle kennen sich, sind erfreut über das alljährliche Wiedersehen und genießen nach der Jagd nur zu gern das vertraut-gemütliche Beisammensein im häuslichen Kreis am Kamin in familiärer Atmosphäre.

Auf die Jagden bei meinem Onkel mütterlicherseits habe ich mich immer besonders gefreut, weil dieser mich, der ich gerade den Jagdschein hatte, nicht nur gesondert einlud, sondern den Jagdtermin auch so legte, dass ich immer daran teilnehmen konnte. Noch heute habe ich das Bild vor Augen, wie er ruhig und gelassen mit seinem Kurzdrilling als guter Schütze umzugehen wusste. Als Jungjäger ziehen einen unbewusst solche jagdlichen Vorbilder an, besonders wenn sie gute Schützen sind, einen guten Hund haben und infolgedessen auch viel Wild erlegen. Schon als Treiberjunge habe ich mich auf den Jagden, wenn ich einmal nicht bei meinem Vater war, vorzugsweise dem Jäger angeschlossen, der viel Wild schoss, bei dem »immer etwas los war«. Ein recht ungewöhnliches Bild von einem Schützen sehe ich heute noch vor mir, der beim Schießen von Hasen auf den großflächigen Wiesen und Feldern immer eine besondere Position einnahm, das heißt in die Hocke ging, auf seinem angezogenen Knie anlegte, zielte und die Mümmelmänner so abpasste und in den Schuss laufen ließ, dass sie mehr als bilderbuchmäßig Rad schlugen.

Zwischen Weihnachten und Neujahr fand traditionsgemäß auch die Jagd unter Verwandten auf Gut Spyck statt, die von Förster Hohaus geleitet wurde. Diese Jagd, überwiegend eine Waldjagd, war unterbrochen nur von einigen Auflächen an dem kleinen Flusslauf der Aa. In den aufwachsenden Kieferndickungen gab es damals noch sehr viele Kaninchen, aber auch Füchse, und ich erinnere mich gut daran, dass es manchmal eine lange Zeit dauerte, bis alle Schützen bei den großen Treiben angestellt waren. Mit einem zackigen »Waidmannsheil und guten Anlauf!«, das mir als Jungjäger ungewohnt war, wenn auch besonders schmeichelte, wurde man von Förster Hohaus auf seinem Platz zurückgelassen. Dann hieß es zunächst warten und warten, und manchmal konnte ich es auf meinem Stand schon fast nicht mehr aushalten, wenn ich abseits irgendwo allein und von allen ungesehen dastand und die kleinen grauen Flitzer immerzu außer Schussweite über den Weg liefen. Heimlich versuchte ich – wenn auch verbotenerweise – zehn, zwanzig Meter dieser Stelle näher zu kommen. War ich dort, kreuzten die Kaninchen den Weg in Schussentfernung da, wo ich vorher gestanden hatte. Ich verhielt mich wohl nicht ruhig genug!

Auch die ganz kleinen Jagden im engeren Freundeskreis, »so fein unter uns!«, kann man natürlich nie ausschlagen, seien es die Ansitze auf den roten Bock mit anschließendem gemeinsamem Frühstück in freier Maien- und Sommernatur oder die Klüngel- und kleineren Drückjagden im herbstbunten Wald. Und da fällt mir noch ein Erlebnis der besonderen Art ein. Wir jagten bei Freund Klaus in seiner schönen Eigenjagd »as in every year«. Als eine Schilfpartie genommen wird, stehe ich am äußersten rechten Flügel gut gedeckt hinter einem Baum auf meinem Posten. Es könnten auch Fuchs und Sauen kommen, hatte es geheißen. So ist besondere Aufmerksamkeit gefordert. Plötzlich nehme ich in einiger Entfernung im seitlichen Riedgras eine Bewegung wahr, die ich so schnell nicht einordnen kann. Ein längliches Wesen schleicht in einer Bodenwelle geduckt am Boden vorwärts, bisweilen ruckartig den Kopf hebend und dann wieder senkend. Der etwa ein Meter lange Körper bewegt sich kriechend vorwärts, wie ich deutlich sehen kann. Komisch! Ein Fuchs? Schwarzwild? Könnte sein! Ich kann dieses Wesen beim besten Willen nicht ansprechen. Soll ich Hubertus oder Diana zürnen, weil sie wieder einmal ihre schützende Hand über ihre Kreatur halten?

Schon kommen die Durchgehschützen und die wenigen Treiber näher. Das von mir nicht einzuordnende Etwas schleicht jetzt seitlich im niedrigen, verkrauteten Schilf in meine Richtung noch ein wenig weiter, bis es sich dann abseits zur rechten Seite des Treibens hin im dichten Meddelgras zwischen Schilf, Seggen und Binsen im Randbereich einschiebt und verschwunden ist. Weiter ist es nicht gelaufen, das kann ich an den ruhig dastehenden Schilfhalmen und der angrenzenden freien Fläche eindeutig feststellen. Was nun? Als alle sozusagen »fast durch sind« und wir Sichtkontakt haben, gehe ich mit Treiber Mike, das Gewehr schussbereit, langsam genau auf diese abseits gelegene Stelle zu, wo ich die letzte Bewegung des »animal incognitum« wahrgenommen habe. Als wir uns nähern, traue ich meinen Augen nicht und muss zweimal hinschauen. Da sitzt doch tatsächlich mit seinem langen Stoß unbeholfen unter dem Schilf und wintergelben Bentgras ein Pfauhahn. Er kann nicht weiter vorwärts und unseretwegen, weil wir hinter ihm stehen, auch nicht zurück. Drehen kann er sich mit seiner Länge von wohl über einem Meter schon gar nicht. Still sitzt er da, geduckt, und kann uns so nicht entkommen. Mit einem gekonnten Zugriff hat Mike ihn alsbald gepackt, und mit dem Prachtvogel unter dem Arm begeben wir uns zu den anderen am Sammelplatz.

Ein großes Fragen und Rätseln beginnt ob dieses ungewöhnlichen und grandiosen Fanges. Und auch Freund Jochen als Jagdherr muss sich wegen dieser außerordentlich großen und farbenprächtig neuen »Spezies Fasan« doch die eine oder andere foppende Bemerkung anhören. Als Mike dem Pfauhahn etwas mehr Freiraum gibt und ihn abstützend nur an den Füßen festhält, erkennt man erst richtig das prachtvolle Gefieder des großen Vogels in seiner aufrecht stolzen Haltung: die bunt schillernden moosgrünen Farben am Hals, die prächtige Krone, die wie Perlmutt glänzenden und mit kleinen Flecken flammenförmig verzierten Federn an Brust und Rücken und schließlich die wundervollen Augenflecken im Schwanzgefieder. Der Pfauhahn nimmt gelassen durch auf- und niederwippende Kopfbewegungen, wenn

auch mit ein wenig nervöser Unruhe, die huldigenden Bewunderungsäußerungen der ihn umringenden Jägerschar entgegen.

Bald stellt sich des Rätsels Lösung heraus. Schon im Frühsommer war dem Bauern Große-Heitmann ein Pfauhahn aus dem heimatlichen Stall entlaufen und auf Wanderschaft gegangen. Angesichts dessen könnte man fast in biblische Rede verfallen und in Anlehnung an das Gleichnis vom verlorenen Sohn jetzt die Botschaft vom verlorenen und wieder gefundenen Pfauhahn verkünden. Abends hat Große-Heitmann ihn voller Freude zurückgeholt – nicht ohne einen entsprechenden Finderlohn in Form eines guten Tröpfchens mitzubringen –, und beim gemütlichen Zusammensein beim Gegrillten am Lagerfeuer haben wir »die Wiederkehr des verlorenen Sünders« ausgiebig gefeiert.

Und noch eine kuriose Begebenheit ist mir bis heute im Gedächtnis. Es war an einem der spätherbstlichen Novembertage, als wir in kleinem Kreis nach den Enten gesehen und drei auf dem Elsbach hatten erwischen können. Jetzt standen wir da – im Halbrund um die Beute, hielten einen Klönschnack und beratschlagten, ob wir noch weiter jagen sollten. Wie es manchmal so ist, die Hunde kommen sich an der erlegten Beute zu nahe, und plötzlich wirft einer von ihnen den Kopf auf, bleckt drohend die Zähne, und schon ist die schönste Rauferei im Gange. So auch hier. Nach einem jäh einsetzenden Grollen und Knurren verbissen sich, ehe wir uns versahen, ein Drahthaar und ein großer Münsterländer derart, dass wir so schnell nicht wussten, was zu tun war. Schließlich fiel Gerd ein, dass man ihnen einen Eimer Wasser überschütten müsse. Aber woher nehmen? »Dann packen wir sie uns und werfen die beiden Streithähne in den Elsbach!« Also auf denn! Schnell und behänd wie im kindlichen Eifer fassen Gerd und Ferdinand (»Ferdi«) nach den Hunden, und auf das Kommando: »Drei, vier!«, holt man kurz aus und wirft flugs das in sich verbissene schwere Knäuel mit einem Satz ins kühle Nass. Nur – im Eifer des Gefechts hatte man so schnell an eines nicht gedacht:

Ferdi hatte seinen Deutsch-Drahthaarrüden Nero, wie es ganz praktisch ist, an langer Leine unten am Tragriemen seines Rucksacks mit dem Hakenverschluss fest angeleint. Katapultartig und abrupt wird er deshalb, wie man messerscharf folgern kann, gleichzeitig mit den durch die Luft fliegenden und »Blupp« ins Uferwasser einplantschenden Hunden seitlich weg- und ruckartig ebenfalls in den Randbereich des Elsbaches gerissen, wo er unsanft zu Boden geht. Völlig verdutzt, den schlagartigen Stoß und kalten Wasserschock noch im Gesicht und blass in seiner ganzen Physiognomie, schlägt Ferdi wie wild mit den Händen um sich und entsteigt nicht gerade grazil, aber eiligst und pladdernass mitsamt seinem noch angeleinten Nero den kalten Fluten. Nun ja, wenn man bisweilen schon seine Plage als Jäger mit dem Hund hat – meistens eine wohltuende, die das Jagen begehrt und beliebt macht –, so lag hier nun eine besondere, ganz anders geartete vor: »Wer den Schaden hat, braucht für den Spott nicht zu sorgen!« Nach kurzen Schrecksekunden setzt ein großes Gelächter ein, und nicht zu überhören sind bald all jene trefflichen Bemerkungen und Kommentare, die einem Menschenkind in solch skuriler Lage meistens so überaus großzügig zuteilwerden.

Ich habe mich manches Mal gefragt, warum gerade diese kleineren Jagden mit Freunden, auf denen gerade in besonderer Weise, wie es scheint, derart kuriose Dinge passieren, so verlockend sind. Ich bin dabei zu der Erkenntnis gekommen, dass sich hier vieles im Unter- beziehungsweise Unbewussten abspielt. Es werden wohl Erinnerungen an frühere Zeiten aus der Jungenzeit wach, wo man auch im kleinen Kreis zusammen war, Erinnerungen, die längst vergangene Bilder zurückholen sollen. Rettet man sich nicht ein Stück Jungenzeit in die Männerjahre hinüber, wenn man beim gemeinsamen Bau eines Hochsitzes an das Baumhaus- oder Hüttenbauen früherer Jahre im Wald erinnert wird? Erlebt man nicht wie früher die Romantik am Lagerfeuer, wenn man nach Abschluss der Jagd im hellen Flackerschein der aufprasselnden

Buchenscheite im Kreis der Freunde am Feuer sitzt, wenn es knistert und man die trauliche Wärme zu spüren beginnt? Fühlt man sich nicht wieder zurückversetzt in die Zeit als unablässiger Heckenschlupf mit all seinen früher erträumten Sehnsüchten, wenn man als Junge mit dem Luftgewehr im heimischen Bereich um Haus und Hof jagte, jetzt aber mit umgehängter Flinte oder Büchse im heimischen Revier jagen kann? Ist es nicht das Verlangen nach Naturnähe, der Drang nach einem Stückchen Freiheit, Freiheit auch von der Unrast unserer Zeit, das Unbeobachtet-Sein und das sich wie Kinder einmal ganz Vergessen-Können?

All dieses ist wohl deshalb so erstrebenswert und Glück verheißend, weil man es in keinem Geschäft – nirgends und auch nicht für viel Geld – kaufen kann: Die Freunde, das wieder jungenhaft einfache, unkomplizierte Leben mit dem Geruch und herben Duft von Waldboden, Schilferde und Laub – und immer dabei den Hund wie ehemals beim Herumstromern. In solchem Tun, einfach und schlicht wie ehemals, erwacht gewiss wieder ein Stück Kinder- und Jugendzeit.

Man kann all dieses getrost zu den positiven Geschehnissen der Jagd zählen, auch wenn diese gar nicht so bewusst, sondern als begleitende Automatismen ablaufen. Eines dürfte ganz sicher und nicht zu bezweifeln sein: Beim Jagen und auf der Jagd hat das Leben wie früher viele Stunden der ungetrübten Freude und Unbeschwertheit zu vergeben.

Gamsfieber

Welchen Jäger reizt es nicht, einmal in den Bergen auf Gams zu jagen! Gerade der Flachlandjäger, »Sturzackerjäger«, lernt hier eine ganz neue Art der Jagd kennen: die Jagd im Gebirge. »In den Bergen ist man dem Himmel ein Stück näher!«, so sagt man. Die Sorgen und Belanglosigkeiten des hektischen Alltags bleiben daheim und unten. Oben im Berg, abseits von den hässlichen Lauten der Zivilisation, ist man mit sich und dem Jägerglück allein.

Zu dritt starten wir in die Bergwelt Tirols. An einem verabredeten Treffpunkt im Stilluptal werden wir vom Jagdherrn überaus freundlich empfangen, und nachdem die ersten Neuigkeiten ausgetauscht sind, geht es sogleich auf Serpentinenpfaden zur Jagdhütte, die abseits, aber sehr romantisch auf einsamer Alm liegt. Schon von weithin sichtbar grüßt uns ein großes Bretterschild mit der Aufschrift »Waidmannsheil«. Übermäßigen Komfort darf man in einer Berghütte natürlich nicht erwarten, aber zum Schlafen in den doppelstöckigen Betten und zum Essen reicht es. Bei einem gemütlichen Umtrunk gilt es dann am Abend den Plan für den kommenden Morgen zu schmieden, an dem wir voller Erwartung früh aufsteigen wollen. Auch unsere Jagdführer, kernige, wettergebräunte »Bergjaga«, lustig und froh, so wie man es ihnen nachsagt, treffen nach und nach in der Hütte ein. Wir werden in einem Revier von über zweitausend Hektar Größe jagen, das uns der Revierinhaber, ein agiler Mitvierziger, vorstellt. Eine Jagdhütte liegt auf einem Kar sogar so weit oben, dass sie nur mit dem Hubschrauber zu erreichen ist. Dort abgesetzt, verweilt man eben zwei, drei Tage an diesem Ort mit Jagdhütte auf dem Bergmassiv. Gebannt hören wir seinen Ausführungen zu, wobei ich bemerke, dass er uns vom Fußwerk bis zum Kopf etwas verstohlen, aber mit genau forschendem, durchdringendem Blick mustert. Angesichts unseres morgigen Aufstiegs hangoben auf zweitausend Meter Höhe kommt er dann bezüglich unserer Körperkonstitution zu der für ihn wichtigen Erkenntnis: »Ja, ihr seid's ja noch guat beieinand'! Ge ma morg'n in d' Fruah miteinander aufi!«, was uns ein wenig schmeichelt. Als wir dann aber noch einmal vor die Hütte treten und uns im Kar gezeigt wird, wohin der Aufstieg morgen im Fels führen soll und dass wir mit Leitern teilweise kleine Schluchten überbrücken müssen, wird uns doch ein wenig anders zumute. Aber Bange machen gilt nicht!

Nach unruhiger Nacht weckt eine Handvoll klares, eiskaltes Bergwasser, das plätschernd aus dem Fels in einem Holztrog aufgefangen wird, bei morgendlicher Wäsche alle Lebensgeister. Nachdem ein wenig gefrühstückt und der Proviant gepackt ist – nur nicht unnötigen, beschwerenden Ballast mitnehmen –, fahren wir mit den Autos, so weit es geht, in die Bergwelt. Dann beginnt der erwartungsfrohe Aufstieg. Ich folge noch mehr oder weniger schlaftrunken im Dunkeln treu wie ein Hund auf dem schmalen, steinigen Pfad mit den vielen steilen Kehren und Windungen meinem Bergführer »Hias«, der sich von Zeit zu Zeit umschaut, um zu sehen, wie gut ich auf seinen Fersen und wie gut ich noch »drauf bin«.

Hilfreich ist in der Tat der Bergstock, den ich vorher nicht kannte, ein Universalinstrument im Gebirge: damit wird gestiegen und gestützt, gesichert und gebremst, gefühlt und getastet. Man hat gleichsam ein drittes Standbein.

Je höher wir aufsteigen und je heller es wird, um so fantastischer zeigt sich die Bergwelt in ihrem wildromantischen Panorama. Überwältigend sind das Spiel der Formen und Farben und die unendliche Weite. Der üppige, aber nicht hohe Pflanzenbewuchs der Heidelbeere, Erika und Wildrosen erstrahlt im aufgehenden Sonnenlicht in allen Farben und Farbnuancen von Hell- bis Dunkelgrün, Braun, Rot und Ocker, wobei verschiedentlich Felsplatten und Gesteinsbrocken oder Geröllfelder eingestreut sind. Im kurzen Almgras blühen die letzten Blumen, die dunkelrot-braunen Kohlröschen, die Herbstzeitlosen mit ihren zarten weißvioletten Kelchen. Im Hintergrund und in der Ferne sind schneebedeckte, von Wolken eingehüllte Silhouetten der höheren Bergzüge zu erkennen, die einmal dunkel drohend und grau-schwarz, dann aber in lichten Farben alle Kontraste widerspiegeln. Darin eingebettet und deutlich zu erkennen sind einzelne Rinnsale, deren murmelndes Sickerwasser zu Tal rieselt. Die ungeheure Dimension der Berglandschaft, der Kamm der Höhenzüge mit ihren Basaltkuppen, die erhabene Ruhe und Schönheit der Bergwelt sind faszinierend und beeindruckend.

Hias bleibt von Zeit zu Zeit stehen und sucht rundum mit dem Glas nach den Gams – für mich nach der kräftezehrenden, schweißtreibenden Kraxelei Zeit zum Verschnaufen. Vor allem sind dies jene kostbaren Augenblicke, um die Majestät der Landschaft immer wieder auf sich wirken zu lassen und in sich aufzunehmen. Die Welt scheint einem zu Füßen zu liegen. Hier oben ist man – abseits aller Skipisten und der sich dort tummelnden »Ferien-Society« – mit sich und der Welt allein; hier lockt bei strahlendem Sonnenschein nichts anderes als die Natur. »Allein auf der Höh', wohin nie Stege drangen!« Und sogleich kommt mir ein alter Bergjägerspruch in den Sinn, den ich irgendwann irgendwo einmal auf einer Alm gelesen habe:

»Der Herrgott hat die Berge hoch gestellt,
als er erschuf die schöne Welt.
Er tat so seine Weisheit kund,
damit nicht jeder Vagabund,
womit die Erde reich gesegnet,
dem Jägersmann im Berg begegnet!«

Wir sind schon ein gutes Stück Weges aufgestiegen und befinden uns auf einer breiten Kuppe, die sich wie ein runder Regenbogen vor dem Bergpanorama erstreckt. Zielgerichtet schweift der Blick

K.P. Reif

immer hangaufwärts. »Wenn diese Bergkuppe geschafft ist, bist du am Ziel, bist auf dem Gipfel und hast einen noch herrlicheren Rundblick, und alles liegt dir zu Füßen«, so glaube ich. Aber denkste! Oben angekommen, tut sich die nächste breite Kuppe und Anhöhe auf, die zu besteigen ist. Doch keine Müdigkeit vortäuschen! Noch ist mein »Akku« nicht leer! »Also pack ma's!« Wir sind doch keine verweichlichten Gestalten! Und sich von diesen mit einem »Pack ma's!« abhebend, ist sie wieder da, die Kraft und prickelnde Spannung, die die Sinne und Muskeln strafft.

So geht es weiter über Stein und Steig, bis Hias plötzlich stehen bleibt. Er hat abseits oben mehrere Gams ausgemacht und versucht sie mit dem Spektiv genauer anzusprechen. »Na und?« Ja, eine jagdbare Gams ist dabei, und nun gilt es zu handeln. Um aber an das Gamsrudel heranzukommen, so macht Hias mir deutlich, müssen wir sie umschlagen und uns ihnen von oben nähern. Das heißt, zunächst etwas weiter seitlich und dann noch höher aufzusteigen. Vor den Erfolg haben die Götter bekanntlich den Schweiß gesetzt! Also immer schön brav und konzentriert dem Hias folgen! Je höher wir der Zweitausend-Meter-Marke kommen, umso beschwerlicher wird der Aufstieg. Immer häufiger sind bei mir Verschnaufpausen angesagt, und bald geht es nur noch in langsamen Schritten aufwärts. Als wir schließlich wieder ein wenig absteigen und in etwa auf Höhe der Gams sind, halten wir hinter einer Kuppe erneut nach ihnen Ausschau und sehen sie vertraut im Berg stehen. Hias betrachtet mit bewundernswerter Gelassenheit, ja mit einer stoischen Ruhe, wie sie wohl nur Bergjagdführern eigen ist, erneut die Gams. Aus seinen Bewegungen und seinem Gehabe erkenne ich, dass ich mich zum Schuss fertig machen soll. »Jo, i mein scho, dass dös was wär – 's müsste passen!«, ist seine karge Aussage. Vorsichtig und in geduckter Haltung folge ich ein paar Meter zum nächsten Fels. Während der Flachlandjäger zum mehr oder weniger rasch abgegebenen Schuss auf das schnell flüchtende Niederwild gezwungen ist, wägt der Bergjäger den weiten Kugelschuss bisweilen über zwei- bis dreihundert Meter mit Bedacht ab. Er muss auch schauen, wohin die getroffene Gams stürzen wird, und ob diese dort in noch verwertbarem Zustand geborgen werden kann.

Dann plötzlich haben uns die scharfäugigen Gams aber auch schon »spitzgekriegt«, werfen auf und setzen mit federnden Sprüngen hinunter zur Flucht an. »Schiassn! Schiassn!« Aber welche Gams? Und wo auflegen? In Gedanken und von bildlichen Darstellungen her kenne ich es, dass man auf dem prall gefüllten Rucksack als sichere Zielunterlage auflegt. Das geht wohl beim Aufstieg, wenn ich liegend nach oben schieße. Aber bergabwärts funktioniert das weniger gut oder auch gar nicht. Auch zwei, drei hastige hinter den Rucksack rutschende Versuche bringen mich nicht weiter. Unmöglich! Zum Vorteil des Jägers gereicht allerdings die Eigenart der Gams, dass sie nach einer gewissen Fluchtdistanz verhoffen und zurückäugen. Dabei zeigen sie einem dann zumeist nicht die Breitseite, sondern blicken in der Regel über den Rücken zurück. Aufgeregt versuche ich eine Gams ins Zielfernrohr zu bekommen. »Welche?« – »Welche denn nun?« will ich wissen. »Die rechte, ja die rechte, 's passt, 's passt schon! Schiassn!«, Schiassn!«, zischt Hias mir zu, und seine Stimme verrät jetzt Passion und Leidenschaft. Schließlich habe ich die am weitesten rechts stehende im Glas. »Berg runter, halt drunter!« Aber freihändig, nein! Ich lege kniend auf. »Schiassn! Sonst ist's fort!«, höre ich wieder. Noch heute ist mir dieses energisch gesprochene »Schiassn« von Hias im Ohr. Der Schuss mit der 6,5 × 57 bricht und stimmt ein weit schallendes Echo durch das Kar an. Dann sehe ich, wie der Gams haltlos in sich zusammenbricht, rollt, rutscht, eine kleine Strecke abwärts walkt und sich dicht unterhalb der Steige schließlich verfängt. »Guat gemacht, guat. Die Gams hat die Kugel, a guater Schuss!«, triumphiert Hias und kommt richtig aus sich heraus. Ich bin selbst erstaunt, auf diese Distanz getroffen zu haben. Voller Begeisterung klopft Hias mir immer wieder auf die Schulter. »Jo, mei! Schiassn könnt ihr ja verruckt, ihr Flachländler!« Erleichtert und glücklich über unseren Erfolg warten wir ab. Wir müssen absteigen, machen aber erst einmal die verdiente »Jause«, Vespermahlzeit.

Der erste Teil unseres Tagwerkes ist getan und von Erfolg gekrönt. So lassen wir uns – jeder den weiten Blick und die feierliche Stille der Berge genießend, im Beerkraut nieder, und uns genüsslich stärkend, hängt jeder seinen Gedanken nach. Es sind kostbare Augenblicke, wenn man hoch oben auf dem Berg danieder gehockt mit sich und der Welt allein ist und dieses Bergpanorama, die Gipfel und Grate, die gewaltige Sinfonie der Natur in sich aufnimmt: das Spiel der dahinziehenden, die Bergkuppen einhüllenden Wolken, den fernen Ruf des Kolkraben. Die scheinbare Endlosigkeit fasziniert immer wieder das Auge des Betrachters. »Carpe diem!« Nutze den Tag, nutze die Schönheit des Augenblicks! Man kommt hier oben leicht ins Sinnieren, jetzt, wo man die ausgetretenen Pfade des hastigen Alltags für eine Zeit verlassen hat. Die bisherigen Begriffe von Raum und Zeit schwinden. Man sieht seine kleine Welt aus einer ganz anderen Perspektive, gewinnt größere Einsichten in die je eigenen Relationen und Möglichkeiten und wird sich zunehmend der Bedeutungslosigkeit des eigenen Ichs bewusst. Überhaupt schmilzt in dieser Unendlichkeit hier oben der in unserer Zeit so wichtige Zeitfaktor einfach dahin. Eile ist eine rein menschliche Erfindung: »Gott hat die Zeit geschaffen, von Eile hat er nichts gesagt!« Die Natur kennt auch keine Eile. Dort geschieht alles langsam, bedächtig, scheinbar umständlich. Unter zehn Jahren ist ein Strauch kein richtiger Strauch. Ein Baum ist erst nach Jahrzehnten ein Baum. Oder die Eiche: hundert Jahre wächst sie, hundert Jahre steht sie, hundert Jahre vergeht sie. Mit Hast und Eile ist da nichts auszumachen! Viele Menschen erkennen nicht oder wollen nicht erkennen, dass es Wichtigeres im Leben gibt, als dessen Geschwindigkeit zu erhöhen. Sie haben verlernt, die Augen auf etwas ruhen zu lassen, erkennen deshalb auch so wenig und haben Angst vor der Stille.

Ich hätte noch länger so gedankenversunken dasitzen können, doch voller Erwartung drängt es uns nun hinunter zur Gams. »Jo mei, dann pack' ma's!« Der Abstieg ist erstaunlicherweise beschwerlicher als der Aufstieg, denn die Gefahr, dass man sich als Ungeübter den Fuß vertritt oder ins Straucheln gerät, ist groß. Nach etwa einer halben Stunde stehen wir erschöpft, aber glücklich vor der erlegten Gams. »Ein guater Gamsbock, jesses jo! Achtjährig wird er sein! Ein alter, stoarker Bock is'! Schau dir die dick gehakelten Krickeln an und den Reif hier bei den Rückenhaaren! Guat gemacht, guat!«

Voller Stolz trage ich die Gams, meine erste, hinab zur Jagdhütte, wie es sich gehört. Alle Premieren bleiben einem ja ganz besonders und unwiderruflich im Gedächtnis haften, ganz gleich, wie oft es sich später wiederholt. Unauslöschlich sind dem Jäger der erste Hase, das erste Reh, der erste Fuchs und dem Flachländler besonders die erste Gams.

Glückliches Jagen! Glück ist ja bekanntlich die kleinste Zeiteinheit im Leben eines Menschen!

Jagen in Polen und Ungarn

Heimat ist etwas, das wir Jäger besonders gut kennen. Unser Revier ist ja ein Fleckchen Erde, das wir uns für eine gewisse Zeit erworben haben, um dort jagen zu können. Und dennoch zieht es viele von uns auch einmal in die Fremde, mag es eine Portion Fernweh oder aber vor allem die Neugierde sein, andere Jagdgefilde mit ihren besonderen Reizen zu entdecken.

Den Wunsch, einmal in den weiten Jagdgründen Polens und Ungarns auf uriges Wild jagen zu können, hatte ich schon lange gehabt. Und dabei kam mir ein besonderer Zufall zu Hilfe. Schon länger bestand eine Jagdfreundschaft zwischen meinem Neffen und dem Leiter eines polnischen Forstamtes. Verschiedentlich war mein Neffe dort bereits gewesen, aber auch der Leiter des Forstamtes hier in Deutschland, sodass sich über die Jahre hin eine enge, freundschaftlich-vertrauensvolle Beziehung entwickelt hatte. Erstaunt war ich, wie beide sich in einem Telefongespräch, als wir den Zeitpunkt unserer Reise festlegen wollten, nach herzlichen Begrüßungsworten und den üblichen Fragen nach dem Woher und Wohin alsbald nur über Hirsche, Böcke und Sauen unterhielten und mein Neffe schließlich fragte: »Krystoph, wie is mit Schwein? Mein Onkel will auch Schweine schießen!«

Mit noch zwei weiteren Jagdfreunden starten wir Mitte Mai erwartungsvoll und in Vorfreude auf die gemeinsam zu verbringenden Jagdtage zu viert in Richtung Polen und sind nach langer Anreise, nachdem wir abwechselnd die ganze Nacht durchgefahren sind, in den frühen Morgenstunden am Zielort eingetroffen. Untergebracht sind wir in einem altehrwürdig-herrschaftlichen Schloss mit pompöser Giebelfassade, das heute als Sitz des Forstamtes dient.

»Morgendlich ist des Mannes Mut!« Mit Krystoph ist es so abgesprochen, dass wir dann sofort zur ersten Morgenpirsch gehen können. Nach starkem Kaffee als Begrüßungstrunk sind die Lebensgeister voll erwacht, und wir fahren sogleich hinaus in das neue Jagdrevier. Ich bin fasziniert von der Weitflächigkeit dieses riesigen und – wie ich später erfahre – über zwanzigtausend Hektar großen Jagdareals. Mir ist ein überaus freundlicher und zuvorkommender Führer zugeteilt, der sogar gebrochen Deutsch spricht, ein Jäger voller Passion, wie ich spüre. Wir durchstreifen ein herrliches Jagdgebiet von wilder Schönheit, wie ich ein solches vorher noch nicht gesehen habe: sattgrüne, weite Wiesengründe, überall mit Schilf bestandene, unberührte Landschaften, verschiedene deckungsreiche Sümpfe – ein Biotop vom Feinsten. Führer Tadeuz geht pirschend vorweg, immer das leichte Dreibein als Schießhilfe in der rechten Hand tragend. Jetzt zu Beginn der Jagdsaison im Mai sehen wir Rehwild über Rehwild. Eine Vielzahl von Böcken bekomme ich in Anblick, und es sind genügend Vergleichsmöglichkeiten vorhanden, um selektiv jagen zu können. Hier »Darz-Bor« – »Waidmannsheil« zu haben, ist kein mühevolles Unterfangen, und man muss sich schon vor der Reise im Klaren sein, dass man nur »besondere« Böcke strecken, sprich nur »besondere« Gehörne mit nach Hause nehmen möchte, abnorme und den ein oder anderen kapitalen. Sonst kann mit einem leicht die Jagdpassion durchgehen, sodass man zu sehr aus dem Vollen schöpft und einem die Kosten davonrennen. Ebenso musste ich Tadeuz klarmachen: »Nur schießen kleine Schweine, nix großen Keiler!« Noch deutlich habe ich das Bild von der zweiten Morgenpirsch vor Augen, als im allerersten Morgenlicht ein wirklich kapitaler Basse am Schilfrand auftauchte. »Da! Groß Schwein. Du schießen!« Der Keiler, der auf einem Grabenauswurf stand, erschien mir auf dieser Erhöhung von der Größe eines kleines Ponys. Ein faszinierendes, unvergessliches Bild: die dunkle Silhouette des Keilers – wenn auch nur für einen Moment – in uriger Landschaft vor dem heller werdenden Licht des anbrechenden Morgens. Von der Jagdpassion ergriffen, hätte ich ihn im Handumdrehen doch noch fast erlegt, hätte der Keiler sich nicht, weil er von uns Wind bekommen hatte, im letzten Moment zur Seite herumgeworfen und wäre davon gepoltert.

Die Jagd auf Schwarzwild, gerade auf starke Keiler, so habe ich festgestellt, elektrisierte besonders auch unsere polnischen Jagdführer. Schon in der sprachlichen Bezeichnung »dzik« für Schwarzwild, »dziczek« (Frischling), przelatek (Überläuferkeiler) oder »kapitalny dzik« (Keiler) klingt etwas von dieser Spannung an. Aus der Erbeutung von Rehwild, auch von Füchsen machten sie sich nur wenig.

Mit Tadeuz fahre ich in verschiedene weitflächige Revierteile. Flurbereinigung wurde in diesen urtümlichen Gebieten, in die immer wieder auch Tümpel, Hecken und kleinere Buschgruppen eingestreut sind, erfreulicherweise nie durchgeführt. Ganz verstreut liegen einzelne kleine Gehöfte; ansonsten findet man überall Natur pur, Brachwiesen und immer wieder Schilfgelände. Auf den kleineren Ackerflächen wird hier, fern von den großen landwirtschaftlichen Staatsbetrieben, noch nach dem bewährten Prinzip der Dreifelderwirtschaft angebaut; Monokulturen wie bei uns habe ich in dieser Region nicht gesehen. An einer Stelle im Revier fielen mir bei einer Waldwiese besonders die vielen kleinparzelligen Flächen auf, und ich dachte, dass sei eine eigens hergerichtete Wildwiese mit verschiedenen Kräutern und verschieden hohem Gras- und Kleeaufwuchs für das Wild, bis Tadeuz mich aufklärte, dass hier jeweils Kleinbauern diese kleinen Flächen zur Bearbeitung zugeteilt bekommen hätten, wo sie mit Sichel und Sense Gras für ihr Vieh holten.

Es scheint, als sei hier in den vielen kleineren Orten die Zeit einfach stehen geblieben. So sah ich auf den Kopfsteinpflasterstraßen Pferdefuhrwerke wie dazumal, am Weg angepflockte weidende Kühe, überall auf den Dorfteichen Enten und Gänse und – Störche. Hier herrschte keine Hektik. Auf den Straßen waren viele ältere, einfach gekleidete Menschen unterwegs, hier und da Fahrradfahrer, und vor fast allen Häusern standen Bänke. Solche Abgeschiedenheit, Ruhe und Unberührtheit kann dem Wildbestand nur zuträglich sein.

Auffällig ist für mich am ersten Tag, als wir auf der Fahrt von Revierteil zu Revierteil viele dieser kleineren Ortschaften passieren, die polnische Volksfrömmigkeit. Jetzt im Monat Mai findet man überall und in großer Anzahl geschmückte Mariengrotten, die in der Nähe von Häusern und an den Landstraßen wegen des überaus üppigen Blumenschmuckes nicht zu übersehen sind. Als wir später an dem Wohnhaus meines Jagdführers kurz halten, fällt mir auch dort die riesige, aus einer Unzahl von kleineren und größeren Findlingssteinen errichtete Mariengrotte auf. Als Tadeuz mein Erstaunen bemerkt, erzählt er freimütig, dass er diese Grotte aus Dank dafür erbaut habe, weil ihm nach Jahren endlich der Wunsch nach einem Kind erfüllt wurde.

Doch zurück zur Pirsch am ersten Morgen! Schon bald entdecken wir abseits in einer großen Brachwiese einen mächtig aufhabenden, starken Bock, der hier in der Morgensonne gemächlich durch das hohe Gras zieht. Die linke Stange ist korkenziehermäßig gänzlich verbogen, die rechte regelmäßig. Der interessiert mich! Und jung ist dieser Bock von der Statur her auch nicht. Er nimmt immer weiter Richtung auf einen niedrigen, vom Waldrand etwa hundert Meter entfernt stehenden, niedrigen Ansitz in der Wiese. Bei günstigem Wind umschlagen wir schnell den Bock, und ich versuche, gebückt, teilweise durch das hohe Gras kriechend, ebendiesen Sitz zu erreichen, was mir auch gelingt. Der Bock behält noch immer seine Richtung bei und zieht genau auf mich zu. Als er sich auf gut achtzig, neunzig Schritt in einer etwas lichteren Stelle einmal quer stellt, erhält er die Kugel und sinkt wie vom Erdboden weggewischt ins hohe Gras. Bald stehe ich vor meinem ersten abnormen »Polenbock«. Auch mein Neffe war bei seiner ersten Pirsch sofort erfolgreich, sodass wir schon am ersten Morgen voller Freude zwei starke Böcke ins Kühlhaus hängen können.

Wir haben drei Jagdtage gebucht. Morgens ist immer Pirschen angesagt, abends Ansitz. Um die Mittags- und Nachmittagszeit wird geschlafen, soweit das vom Biorhythmus her möglich ist. Jagdurlaub ist eben Jagdurlaub, alles dreht sich um die Jagd; deshalb sind wir ja auch hingefahren. Unterkunft und Verpflegung sind vom Feinsten, und auch die Verständigung mit den anderen Jagdführern macht mithilfe der entsprechenden Mimik und Gestik keine Schwierigkeiten. Jäger verstehen sich auch über Grenzen hinweg.

Die großen Jagdgebiete, in denen wir jetzt jagen, sind mit unseren zumeist kleineren, übersichtlichen Revieren ganz und gar nicht zu vergleichen. Hier kann man wirklich noch gespannt, ja, fast sicher sein, auf nie vorher in Anblick gekommenes Wild zu stoßen, auf ältere Böcke sowie urige Keiler. Auch der Rot- und Damwildbestand ist sehr vielversprechend.

Am Morgen des zweiten Tages wollen wir schwerpunktmäßig Schwarzwild bejagen. Wie bei uns kirrt man auch hier mit Mais, aber auch mit Eicheln, die vorher in einer Salzlauge eingelegt wurden. Als Tadeuz und ich frühmorgens lange vor Hellwerden und fast noch in der Dunkelheit äußerst vorsichtig einen Hochsitz auf einer Wegekreuzung ansteuern, auf dem wir uns unweit einer Kirrung ansetzen wollen, entdeckt dieser dort plötzlich, als er die Kirrstelle mit dem Glas ableuchtet, ich aber schon einige Leiterstufen hochgestiegen bin, auf der vergrasten, silbrig schimmernden Schneise beidseitig der großen Dickungen bereits Sauen. Er fasst mein Bein, hält mich zurück und gibt mir Zeichen: »Dzik!« Sofort stehe ich wie erstarrt. Nach einigen Momenten vernehme auch ich deutlich, wie die Sauen an der Kirrung grunzen und schmatzen, sich schubsen und hin und her schieben. In aller Ruhe, weil auch der Wind uns ins Gesicht steht, können wir bei langsam zunehmendem Büchsenlicht die Rotte beobachten.

K.-P. Reif

Nur welche Sau in dem Gewusel aus der Borstenfront und bei den insgesamt noch schlechten Lichtverhältnissen ins Visier nehmen? Schließlich weist Tadeuz auf die linke Seite des runden, wuseligen, großen Knäuels und flüstert mir zu: »Linkes Schwein!« Ich lege auf seiner Schulter an. Im Knall stiebt der ganze Pulk auseinander, fegt wie schwarze Blitze zur Deckung und ist wie fortgewischt. Beim näheren Hingehen erkennen wir im Dämmerlicht am Wegesrand immer deutlicher einen dunklen Punkt. Das .30–06 Doppelkerngeschoss hat die Sau auf gut hundert Schritt an den Platz gebannt, und voller Freude stehe ich, kaum dass wir an diesem Morgen eine halbe Stunde auf der Jagd unterwegs sind, vor dem wohl fünfzig Kilo schweren »przelatek«, einem Überläuferkeiler.

Zu Hause würde man nach einem solchen Waidmannsheil erst einmal mit dem Jagen aufhören; im Jagdurlaub geht es aber, nachdem wir die Sau versorgt haben, alsbald weiter. Doch an diesem Vormittag klappt es mit der Erlegung eines weiteren Schwarzkittels nicht. Einen Fuchsrüden kann ich jedoch noch erbeuten.

Am Abend sitzen wir an einem Gerstenfeld an, und nicht lange, da erscheint ein erstes Stück Rehwild, ein starker Bock, und bald darauf in einiger Entfernung ein zweiter, jüngerer, ein Gabler. Und nun kann ich miterleben, wie der Platzbock den Jüngeren in großen Fluchten jagt, und zwar genau in Richtung unseres Ansitzes. Da steht nun der kapitale Bock vor uns: reich geperlte, starke Stangen und bis in die Stirn hinunterreichende Rosenstöcke. Ich nehme einfach auf den weiterziehenden Bock einmal Maß. Das deutet mein Jagdführer als Aufforderung und flötet ihn an. Augenblicklich verharrt dieser auf kurzer Entfernung, und auf meinen Schuss hin sinkt er wie vom Blitz getroffen in die kniehohen Gerste. Unweit von ihm stutzt noch immer der Gabler mit sein hell leuchtenden, frisch verfegten Stangen. Auch er steht ganz ruhig auf Schussdistanz, jetzt, wo sein Verfolger, der unleidige Alte, vor dem er eben noch auf der Hut sein musste, nicht mehr da ist. Ich bräuchte nur das Gewehr etwas nach links zu schwenken und könnte auch ihn im Handumdrehen erlegen. Doch der Verstand siegt über den Jagdeifer.

Wir steigen vom Hochsitz und erkennen am gestreckten Bock, dass wir auch hier einen außergewöhnlichen Trophäenträger mit reicher Gehörnperlung vor uns liegen haben.

Und dann kommt mir noch eine Begebenheit in den Sinn, »wo sich hat zugetragen am Morgen des dritten Jagdtages«. Hier hätte Schlimmes passieren können, zum Glück ging aber alles gut aus. Und das war so:

Morgens oder besser gesagt, wenn wir zu nächtlicher Stunde aufbrachen, musste immer alles wie aus dem »Effeff« gehen. Gleichsam nach festgefügtem Ritus lief der Aufbruch zur Jagd ab. Wie immer wurden wir den einzelnen Jagdführern zugeteilt, die abfahrbereit neben ihren Geländewagen standen. Wir verweilten dann nur noch einen Moment, besprachen die wichtigsten Dinge, und ab ging der Treck der Wagenkolonne in die verschiedenen Revierteile. Man saß auf dem Beifahrersitz, hatte das Gewehr zwischen den Beinen stehen, weil es meistens gar nicht lange dauerte, dass man schon im vorgesehenen Revierteil war und Wild in Anblick kam. Jetzt noch umständlich und laut den Repetierer zu laden oder vorher auf der Fahrt ins Revier den Fahrer zu bitten, er möge anhalten, weil man sein Gewehr laden möchte oder noch schlimmer, erst im Jagdgebiet mit dieser lauten Handlung zu beginnen, wäre wohl unangebracht und unschicklich gewesen. Also hatte man seinen Repetierer schon vorher geladen. Viele der neueren Waffen haben heute das Handspannersystem, das heißt, auch wenn Kugeln im Magazin beziehungsweise Lauf sind, befindet sich das Gewehr zwar im geladenen, aber entspannten Zustand, sodass eigentlich nichts passieren kann.

Recht mühsam ist es auch, nach der Jagd alle Kugeln, sofern kein Magazin vorhanden ist, herausrepetieren zu müssen. So unterblieb dieses meistens, weil man ja immer in kurzer zeitlicher

Abfolge zur Jagd ging. Die Waffe lag tagsüber oder auch in der kurzen Schlafphase der Nacht bei einem wohlverwahrt im Futteral unter dem Bett oder im Bettkasten, vielleicht auch im verschlossenen Schrank. Das Zimmer war verschlossen, und auch kein anderer hatte Zutritt. Warum also immer das umständliche Laden und Entladen!

An diesem Morgen warteten wir auf Gerd Leugers, der verschlafen hatte. Das hielt auf, aber schließlich wollten wir nicht ohne ihn losfahren. Die polnischen Jagdführer hatten schon des Öfteren einen verstohlenen Blick auf unsere Waffen geworfen und diese wegen ihrer Präzision und Schussleistung gelobt und in Augenschein genommen, ohne sie in der Hand gehabt zu haben. Weil es heute morgen wärmer als erwartet war, wollte sich Jagfreund Hermann Espelage noch schnell seines Pullovers unter der Jagdjacke entledigen. Er gab deshalb dem großen und kräftigen Jagdführer Vladislaw, der neben ihm stand, für einen Moment das Gewehr zum Halten. Dieser nahm es mit Freuden und prüfte gekonnt die Balance. »Waffe gut, gutes Ding!«, bestätigte er begeistert. Erneut musterte er das Gewehr, ging kurz in Anschlag, setzte ab. »Super gut!« Dann visierte er mit dem 3–12 × 56 die Wetterfahne auf dem Jagdschloss an. »Oh, auch super gut gucken!«

»Okay!« Wohl gewohnheitsmäßig und unbewusst muss er als routinierter Kugelschütze und in seiner Begeisterung für das Gewehr die Sicherung nach vorne geschoben und nur leicht an den Abzug gekommen sein, denn heraus war mit einem ohrenbetäubenden Knall in der morgendlichen Stille die Kugel. Erschrocken sprangen wir zur Seite. Am erschrockensten war Vladislaw selbst. Zum Glück ist hier nichts passiert. Es zeigt aber, dass man immer und überall alle Vorsichtsmaßregeln beachten muss, denn man kann nicht so dumm denken, wie es kommen kann!

Jagen in Polen ist ein Erlebnis der besonderen Art, und der Wildreichtum ist sprichwörtlich. Die Jäger und Jagdführer dort sind ausnehmend gastfreundlich und zuvorkommend. Wer einmal in Polen gejagt hat, den zieht es immer wieder dort hin. »Do widzenia Polania!« (Auf Wiedersehen, Polen!«)

Ebenso reich gesegnet mit Wild ist das Jagdland Ungarn. Von den außergewöhnlichen Trophäen gerade aus diesem Land hat man Rühmliches gehört, und ich kann dieses für alle Schalenwildarten nur bestätigen. In Ungarn beginnt die Bockjagd schon am 15. April. Will man »Gratulalok« – »Waidmannsheil« haben, muss man auch zu diesem Zeitpunkt mit der Jagd beginnen, weil die Rehe wenig später in den riesigen, rasch aufwachsenden Weizen-, Mais- und Sonnenblumenfeldern auf Monate verschwinden und kaum zu bejagen sind. Ende Mai, Anfang Juni sind Weizen und Luzerne bereits so hoch gewachsen, dass kaum noch Haupt und Träger das Meer der Halme überragen. Wird die Luzerne gemäht, wechseln die Rehe in die Weizen- beziehungsweise Maisschläge. Felder von mehreren hundert Hektar Größe sind keine Seltenheit. Man kann kilometerweite Gebiete durchfahren, ohne ein Haus oder eine Ortschaft zu sehen. Wer einmal diese ungeheuren Weiten der ungarischen Tiefebene erlebt hat, auch den Reichtum an Niederwild, den lässt auch hier die Erinnerung an diese Landschaft nicht mehr los. Der Besatz an Fasanen wird allerdings durch einige große Fasanen-Aufzuchtstationen unterstützt, denn auch hier hat das Niederwild unter der weitflächigen, mit modernsten großen Maschinen einseitig ausgerichteten Landbewirtschaftung zu leiden.

In Ungarn lernte ich auf den grenzenlosen Feldflächen in der endlosen Ebene die traditionelle Jagdart mit dem pferdebespannten Pirschwagen kennen, obwohl auch heute schon motorisiert mit dem Geländewagen gejagt wird. Aber stilvoller ist eben das Pirschen-Fahren mit dem Gespann. Auch auf Damwild wird die Jagd mit dem pferdebespannten Pirschwagen ausgeübt, und selbst auf Sauen, wenn sie im Kessel liegen und sich neugierig halb erheben, kann man durchaus jagdlichen Erfolg haben. Bei solchen Pirschfahrten geht alles gemächlich vor sich.

Man kann sich so einen guten Überblick über den Wildbestand verschaffen, ohne das Revier zu sehr zu beunruhigen. Meistens weicht das Wild nur zögernd dem Wagen aus. Die Pferde traben langsam voran. Bei den Windschutzstreifen aus Hecken und Pappeln, den tiefen Gräben und kleinen Akazienwäldern halten wir jeweils an, um sie mit den Gläsern genauer abzusuchen. Diese mehr oder weniger reinen Feldreviere verfügen über einen durchweg guten Rehwildbestand; vor allem finden sich hier kapitale Böcke. Diese sind aber schwer zu erbeuten, weil sie einen weiten Überblick haben und sich so möglichen Gefahren rechtzeitig entziehen können. Die Jagdführer wissen jedoch ziemlich genau, wo starke Böcke stehen. Das ist in dieser weiten Landschaft auch die Voraussetzung für erfolgreiches Jagen, weil die Rehe sich leicht in der unendlichen Ebene verlieren. Ist Wild in Anblick gekommen, liegt es an der Geschicklichkeit des Fahrers, sich diesem auf Schussentfernung zu nähern. Ist es einmal unruhig und flüchtig geworden und hat einen Windschutzstreifen oder ein Pappelgehölz zwischen sich und dem Pirschwagen gebracht, wird es schwieriger. Man fährt nie direkt auf das Wild zu, sondern der Kutscher muss einen Bogen schlagen, und zwar so, dass dieser dem Stück nicht bedrohlich erscheint, aber noch in Reichweite der Kugel an das begehrte Wild vorbeiführt. Es sind in der Regel in dem flachen Gelände weite Schüsse erforderlich, um erfolgreich zu jagen.

So sind wir am 17. April bei kaltem, aber mit zunehmendem Sonnenschein bald wärmer werdendem Aprilwetter zu viert, Jagdführer Janosch, Fahrer Jonschek, Dirk und ich, in einen vielversprechenden Revierteil gefahren, in dem mehrere gute Böcke ihren Einstand haben sollen. Nicht lange, da haben wir auch schon auf einem Luzerneschlag unweit eines Akazienwäldchens Rehwild in Anblick. Durch das Glas erkennen wir einen hoch aufhabenden Bock mit reich geperlten Stangen. Jonschek, unser Kutscher, lenkt die Pferde nun so, dass wir halbschräg nach links fahren und uns so dem Wild immer mehr nähern. Tatsächlich lässt der Bock sich täuschen. Schon sind wir auf etwa einhundertundfünfzig Meter herangekommen – und immer noch hält er aus. Ein wenig muss der Kutscher den Wagen noch vorziehen, um den Kapitalen von der Breitseite vor sich zu haben. Dirk legt auf der Kante des Wagensitzes an, nachdem er dort eine Decke untergelegt hat, und hell peitscht der Schuss auf. Im Knall knickt der Getroffene vorne ein, stolpert, kommt wieder hoch und rennt mit bösem Vorderlaufschuss davon. Auf etwa dreihundert Meter verhofft er wieder. Fahrer Jonschek versucht den Flüchtenden zu umschlagen, um ihm den Weg zu der Wallhecke und dem angrenzenden Akazienbestand abzuschneiden. Schon haben wir uns dem Bock wieder auf etwa zweihundert Meter genähert. Wir versuchen, noch etwas näher heranzukommen. Es mögen einhundertachtzig Meter sein, als Dirk erneut schießt, ohne Erfolg. Die dritte Kugel auf den geschwächten Bock fasst schließlich das Leben. Das hat vom erhöhten Kutscherbock auch Fahrer Jonschek gesehen, und voller Erregung tut er in einem Sprachen- und Gebärden-Misch-Masch kund: »Good maked! Bock is … (Fingerzeig mit dem Daumen nach unten) kaputh!«

Ein Waidmannsheil auf diesen kapitalen, wohl sechs- bis siebenjährigen Bock, der sechsundzwanzig Kilogramm auf die Waage brachte. Als Bruch überreicht Jagdführer Janosch Dirk in ehrlicher Mitfreude einen schweißbenetzten Getreidehalm. Und dann kommt nach dieser Aufregung, bevor wir weiterjagen, der obligatorische Griff in das Fach unter dem Kutscherbock. »Lass Jon scheck machen! Das Leben is scheen!« Und jeder von uns genießt einen kleinen, herzhaften Schluck Slibowitz. Das muss dann wohl so sein! »Gratulalok!« – »Waidmannsheil!«